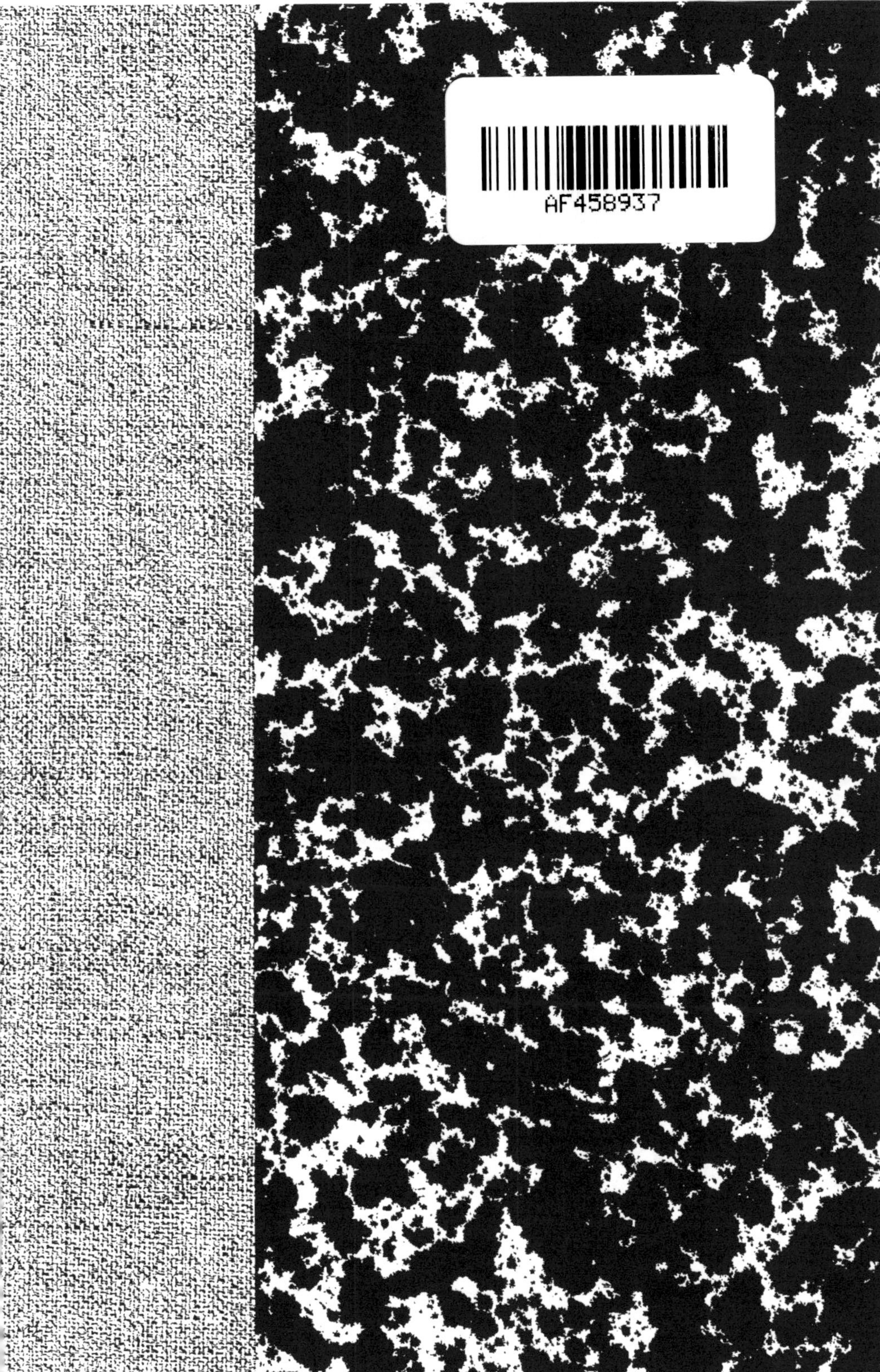

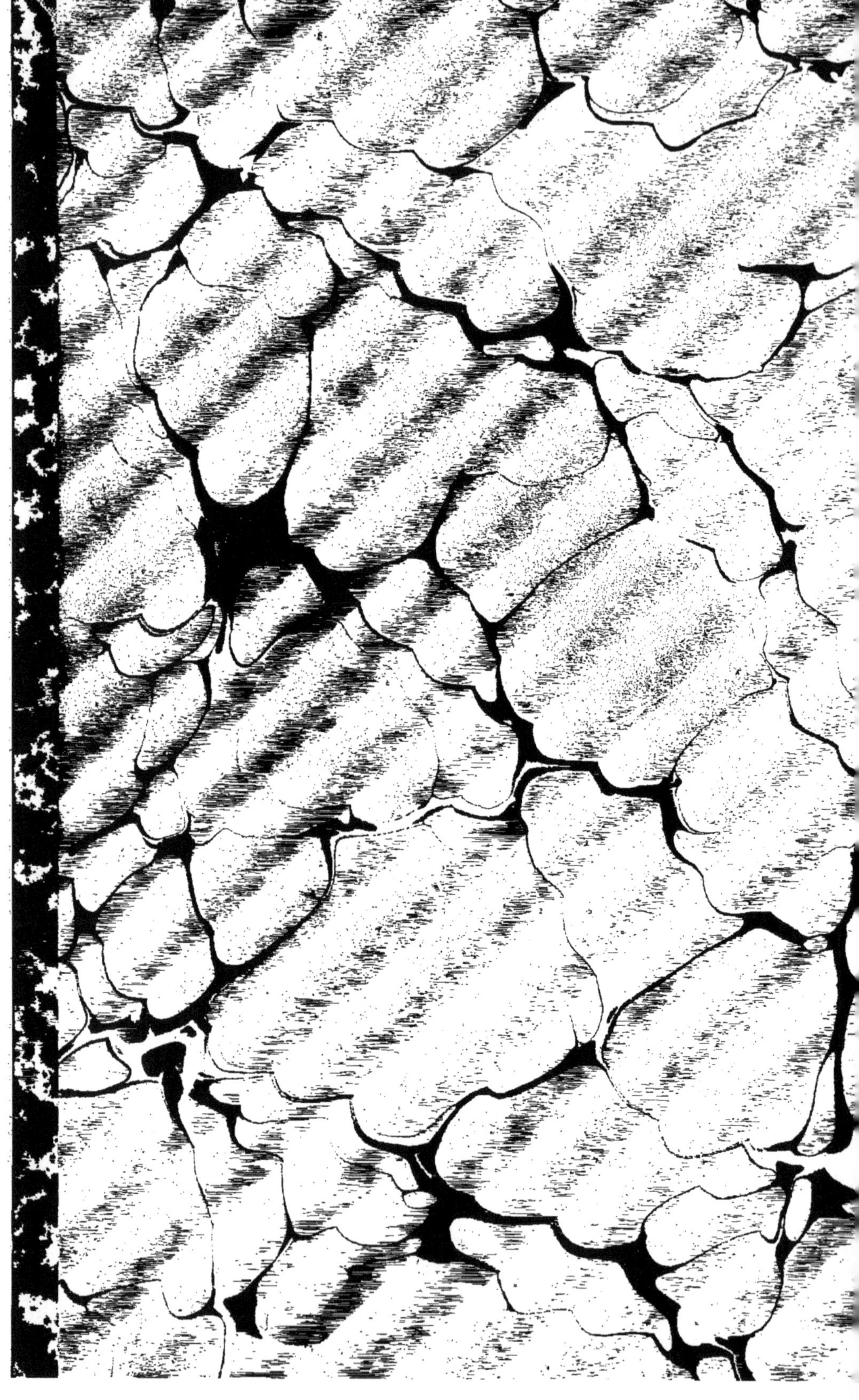

HISTOIRE NATURELLE

DES

COLÉOPTÈRES

DE FRANCE

PAR

E. MULSANT

Bibliothécaire-adjoint de la ville de Lyon,
Professeur d'histoire naturelle au Lycée,
Correspondant du ministère de l'Instruction publique, etc.

ET

CL. REY

Membre des Sociétés Linéennne et d'Agriculture de Lyon, etc.

PILULIFORMES

PARIS

DEYROLLE, NATURALISTE

RUE DE LA MONNAIE, 19

SEPTEMBRE 1869

COLÉOPTÈRES

DE FRANCE

HISTOIRE NATURELLE

DES

COLÉOPTÈRES

DE FRANCE

PAR

E. MULSANT

Bibliothécaire-Adjoint de la ville de Lyon,
Professeur d'histoire naturelle au Lycée,
Correspondant du Ministre de l'instruction publique, etc.

ET CL. REY

Membre des Sociétés Linnéenne et d'Agriculture de Lyon, etc.

PILULIFORMES

PARIS
DEYROLLE, NATURALISTE
Rue de la Monnoye, 19

1869

A Monsieur

HENRI-ALEXANDRE HALYDAY

Secrétaire de la Société Entomologique italienne,
Membre de plusieurs Sociétés savantes.

MONSIEUR,

En vous priant d'agréer ce petit travail, nous ne voulons pas vous parler de vos beaux mémoires sur les Hyménoptères : tous les entomologistes les connaissent; tous savent aussi que vous êtes l'un des principaux fondateurs de la Société italienne dont les travaux ont pour objet la science qui nous est chère ; mais vous avez su rendre si agréables les relations qui existent entre nous depuis de longues années, que nous avons voulu vous en rendre ici le témoignage, en vous renouvelant l'assurance

De nos sentiments affectueux.

E. MULSANT. CL. REY.

Lyon, le 25 avril 1869.

TABLEAU

DES

PILULIFORMES DE FRANCE

TRIBU

DES

PILULIFORMES

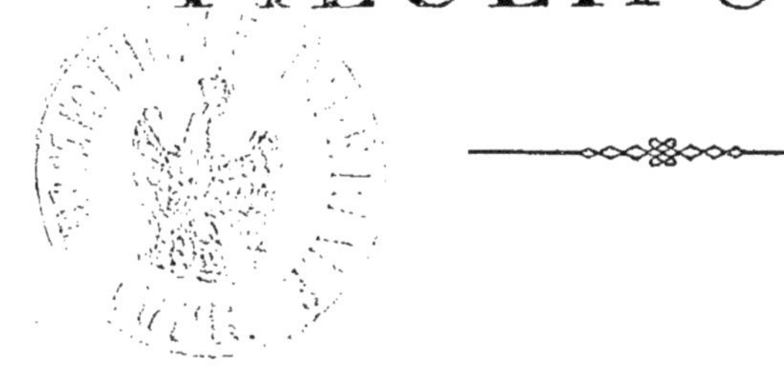

CARACTÈRES. *Antennes* insérées près de la partie inférieure ou antéro-interne des yeux ; à peine aussi longuement prolongées que les angles postérieurs du prothorax ; de onze articles, tantôt grossissant graduellement à partir du 4e ou du 5e article, tantôt terminées par une massue d'un nombre d'articles variables.

Tête petite ou médiocre ; rarement penchée, ordinairement subperpendiculaire ou inclinée ; enfoncée dans le prothorax au moins jusqu'aux yeux.

Pièces de la bouche peu saillantes ordinairement, en partie et parfois entièrement cachées dans le repos par la partie prosternale avancée en forme de cravate ou de mentonnière.

Prothorax notablement plus large que long ; embrassant en devant les côtés de la tête et voilant même ordinairement une partie ou la totalité des yeux dans l'état de repos ; offrant la partie médiane de sa base plus prolongée en arrière, soit en arc dirigé en arrière, soit en angle sinué de chaque côté de la partie médiane.

Elytres à peu près aussi larges en devant que le prothorax à sa base ; voilant entièrement l'abdomen ; habituellement plus ou moins sensiblement dilatées en arc sublobiforme sur les côtés du postpectus.

Repli des élytres généralement creusé d'une fossette à sa base, pour recevoir les cuisses intermédiaires dans l'état de contraction de celles-ci ; réduit à une tranche, après la poitrine.

Prosternum reçu à sa partie postérieure dans une échancrure du mésosternum.

Ventre de cinq arceaux : les trois premiers au moins fixes ou peu mobiles : le dernier au moins aussi grand que le premier.

Pieds médiocres ; contractiles, dans le repos.

Hanches antérieures de formes variables, séparées par le prosternum.

Hanches intermédiaires suborbiculaires ou presque carrées, plus largement séparées par le mésosternum.

Hanches postérieures transversales, presque contiguës.

Corps ovalaire, convexe.

Les insectes de cette tribu sont remarquables par la faculté de contracter les pieds contre le corps ; dans l'état de repos, ces organes sont parfois reçus dans des cavités, de manière à ne faire aucune saillie, et ils sont alors si bien dissimulés, que l'animal, dont les pièces de la bouche sont cachées par la cravate prosternale, a l'apparence d'une graine ou d'une pilule : aussi avons-nous donné à ces insectes le nom de PILULIFORMES.

ÉTUDE DES PARTIES EXTÉRIEURES DU CORPS.

L'étude des diverses parties extérieures du corps est toujours pleine d'intérêt. La physiologie en retire de nombreuses lumières. En observant avec soin la conformation des diverses pièces du squelette tégumentaire de ces petits animaux, on arrive plus facilement à connaître les mœurs et les habitudes de ces derniers.

La *tête*, rarement penchée, comme on la voit chez les Nosodendres, est en général subconvexement perpendiculaire ou un peu inclinée. Elle est enchâssée dans le prothorax au moins jusqu'aux yeux. Elle présente parfois sur le front, chez la plupart des Byrrhes, une ligne transversale souvent obsolète ou réduite à des points.

L'*épistome*, ordinairement confondu avec le front, en est séparé par une ligne transverse, chez les Simplocaries et les Limniques.

Le *labre*, réduit à une tranche presque entièrement voilée par la partie épistomale de la tête chez les Nosodendres, est le plus souvent assez développé ; mais parfois il est caché, dans le repos, dans la cravate prosternale, comme on le voit chez les Syncalyptes.

Les *mandibules*, courtes et non saillantes, sont souvent dentées à l'extrémité ; et, chez plusieurs, garnies d'une bordure membraneuse à leur côté interne, et pourvues d'une dent molaire à la base.

Les *mâchoires* sont divisées en deux lobes, dont l'interne est parfois crochu à son extrémité.

Les *palpes maxillaires*, peu allongés ; de quatre articles, dont le dernier varie de forme suivant les genres.

Le *menton*, très-grand chez les Nosodendres, est petit et caché chez les autres espèces.

La *pièce prébasilaire* n'est visible que dans le premier genre.

La *languette* est membraneuse, subcoriace ou subcornée, sans paraglosses.

Les *palpes labiaux* sont composés de trois articles, courts et le plus souvent cachés, dans le repos.

Les *yeux*, situés sur les côtés de la tête, sont ordinairement ovalaires, peu convexes ; en partie voilés par le prothorax, comme on le voit chez les Byrrhes, ou même entièrement cachés par lui, chez les Syncalyptes et quelques autres.

Les *antennes*, insérées sur les côtés de l'épistome ou du front, près du bord antérieur ou antéro-interne des yeux, n'atteignent pas ou atteignent à peine les angles postérieurs du prothorax. Le plus souvent, dans l'état de repos, elles sont cachées sur les côtés de la poitrine, et, dans ce cas, les flancs de la partie antépectorale laissent ordinairement entre leur bord externe et le bord interne du repli du thorax, un espace pour loger, comme dans une rainure, les articles qui suivent les basilaires. Chez les *Limnichiens*, les antennes sont rejetées sur les côtés de la tête, et parfois même, comme chez les Botriophores, leur massue terminale est reçue dans une fossette située sur les côtés du premier segment thoracique. Ces organes ont toujours onze articles, dont le premier est renflé, subglobuleux chez les uns, plus long que large, chez les autres : le second un peu moins gros, souvent plus court que le premier, d'autrefois plus long : le 3e généralement grêle et allongé chez les insectes des deux premières familles, moins grêle et plus court chez ceux de la 3e : les autres, tantôt grossissent graduellement à partir du 4e ou du 5e article, et dans ce cas les 7e à 10e sont transverses ou perfoliés, tantôt plus gros sur les cinq derniers articles, ou même terminés seulement par une massue de trois articles, dont l'apical est le plus gros.

Le *prothorax*, toujours transversal, c'est-à-dire notablement plus large que long, est incliné à ses angles de devant et enchâsse la tête au moins jusqu'aux yeux. Chez les Byrrhes et autres ayant la tête verticale, son bord antérieur laisse à peine ou ne laisse pas apercevoir celle-ci, quand l'insecte est examiné perpendiculairement en dessus; chez les Nosodendres, dont la tête est penchée en avant, elle n'est pas voilée par le segment thoracique. Le prothorax s'élargit d'avant en arrière sur les côtés, et par suite de cette disposition, il est plus convexe en avant qu'en arrière. Ses bords latéraux, munis d'un rebord très-étroit et parfois à peine prolongé jusqu'aux angles postérieurs, sont tantôt en ligne droite, comme chez les Nosodendres et la plupart des *Limnichiens*, tantôt en courbe rentrante, comme chez les Byrrhiens. Sa base est en arc ou en angle très- ouvert et dirigé en arrière ; quelquefois elle est tronquée au-devant de l'écusson, et se montre le plus souvent sinuée ou échancrée en arc plus ou moins sensible entre sa partie médiane et ses angles postérieurs, qui semblent alors un peu prolongés en arrière. En dessus, il offre parfois les traces d'une ligne médiane, mais jamais un sillon très-profond. Chez diverses espèces, comme les Byrrhes en offrent l'exemple, il est paré de dessins variés, formés par un duvet malheureusement facile à être épilé.

L'*écusson*, toujours distinct, a généralement la forme triangulaire.

Les *élytres*, chargées de voiler complètement le dos de l'abdomen, sont ordinairement en ovale tronqué en devant; trois fois environ aussi longues, chez le plus grand nombre, que le prothorax; prises ensemble elles sont à peu près aussi larges à la base que ce dernier. Elles présentent sur les côtés du postpectus une dilatation arquée, une sorte de lobe plus ou moins prononcé; elles sont munies, sur les côtés, d'un rebord étroit, à peine prolongé jusqu'à l'extrémité, mais ordinairement relevé à l'angle huméral chez les Séminoles ou Byrrhes aptères. Elles offrent des degrés très-variables de convexité; montrent, chez les Nosodendres et la plupart des *Limnichiens*, un calus huméral nul ou peu distinct chez les *Byrrhiens;* offrent le plus souvent, chez ces derniers, une fossette au-devant de l'angle apical de chacune, et une dépression, ordinairement moins prononcée, vers les deux tiers ou trois quarts de leur longueur, entre la moitié de leur largeur et le bord externe. Leur surface est marquée seulement de points, chez diverses espèces; elle présente, chez d'autres des stries régulières, ou en partie converties en lignes tortueuses, constituant parfois des aréoles irrégulières ou incomplètes. Rarement nues, elles sont parées de fascicules de poils, chez les Nosodendres; hérissées de soies renflées à leur extrémité, chez les Syncalyptes et les Curimes; garnies ou revêtues, chez les autres, d'un duvet soit presque uniforme et concolore, soit varié de couleurs et de dispositions, constituant alors soit des bandes transversales, soit des lignes ou des taches de velours.

Le *repli du prothorax*, souvent concave, est le plus souvent élargi d'avant en arrière, et se montre en ligne transverse à son bord postérieur. Chez les Limniques, son bord postérieur est obliquement coupé pour laisser plus de place aux pieds dans leurs mouvements de contraction, et cette obliquité est parfois si prononcée que le bord postérieur et l'antérieur interne forment un angle dirigé en dedans.

Le *repli des élytres* est généralement réduit à une tranche, sur les côtés du ventre; sur ceux de la poitrine, il est rétréci d'avant en arrière. A sa base, il est ordinairement creusé d'une dépression ou d'une fossette, pour recevoir l'extrémité des cuisses et la base des tibias intermédiaires dans les moments de repos. Sa largeur varie suivant les espèces : chez les Séminoles, privés des véritables organes du vol, il embrasse plus intimement les côtés de la poitrine et il est généralement aussi large que le postépisternum, à sa base; chez les Byrrhes, pourvus d'ailes, sa largeur est notablement moins remarquable, pour laisser aux élytres plus de facilité à se relever, quand l'insecte veut s'élancer dans les airs; ce repli est parfois légèrement concave ou abaissé à son bord externe ; ordinairement horizontal ; parfois subvertical, et alors son bord interne semble former le bord externe des élytres, comme on le voit chez les Moryques et les Limniques.

Les *ailes* manquent ou sont incomplètement développées chez plusieurs, principalement chez les Séminoles.

De toutes les pièces du dessous du corps, la *partie prosternale* mérite surtout un examen attentif. Elle comprend le bord antérieur de la poitrine, composé de la *partie antépectorale* et de ses *flancs*, et du *prosternum* proprement dit. Ces trois régions, quoique non séparées par des sutures, laissent à peu près deviner leurs limites respectives, et leur développement variable fournit de bons caractères pour la distinction des genres. Ainsi, chez les deux premières familles, le bord antérieur de la poitrine, composé des deux premières pièces précitées, présente, sur leurs parties latérales postérieures, une sinuosité ou un angle rentrant, près de la base du prosternum, ce bord antérieur, disons-nous, est plus court sur sa ligne médiane, c'est-à-dire dans sa partie antépectorale, que le prosternum lui-même ; il est, au contraire, plus long que celui-ci chez les *Limnichiens*. Chez ces derniers, les côtés externes des flancs sont contigus au bord interne du repli prothoracique ; ils laissent, au contraire, un interstice, une sorte de rainure entre eux et ces derniers, chez les *Byrrhiens*, pour offrir à la tige des antennes la faculté de se cacher, dans l'état de repos, sous les côtés de la poitrine. Les flancs sont presque linéaires chez les Nosodendres et chez les Moryques ; plus développés chez les autres. Chez les Syncalyptes, et surtout chez les *Limniques*, les trois parties prosternales, sont subgraduellement rétrécies d'avant en arrière sur les côtés, en formant une sinuosité plus ou moins faible vers la base du prosternum ; chez les autres, c'est un angle rentrant qui sert à indiquer la base de ce dernier, et, dans ce cas, le prosternum est parallèle ou subparallèle, au lieu d'être rétréci d'avant en arrière. Il est habituellement moins long que large chez les Séminoles, généralement plus long que large chez les autres espèces des deux premières familles. Ordinairement le prosternum est subarrondi ou obtusement tronqué à son bord postérieur ; parfois il se termine en angle, comme on le voit chez quelques Limniques.

Le *mésosternum* est toujours transverse et plus ou moins profondément échancré ou entaillé, pour recevoir l'extrémité du prosternum. Quelquefois il montre une petite dent, de chaque côté de son échancrure.

Le *métasternum* est large; tronqué à sa partie antérieure; entier, et légèrement arqué ou anguleux en arrière, et parfois muni, à partie médiane de ce bord postérieur, de deux petites pointes, ou entaillé chez les Limniques. Souvent il est creusé, sur les côtés, d'une fossette destinée à recevoir une partie des pieds intermédiaires, dans les mouvements de contraction de ceux-ci.

Les *épimères du médipectus* sont aussi souvent creusées d'une fossette pour faciliter l'application, contre le corps, des cuisses de devant.

Les *postépisternums* sont habituellement très-apparents. Chez les Syncalyptes, leur moitié postérieure au moins est voilée par le repli des élytres et réduite à des proportions linéaires ou presque nulles. Habituellement cette pièce est rétrécie d'avant en arrière et beaucoup plus étroite à son extrémité postérieure qu'à son bord antérieur ; mais parfois la seconde moitié est étroite, subparallèle ou un peu élargie à l'extrémité. Souvent les postépisternums sont creusés d'une fossette à l'usage des pieds intermédiaires. Leur largeur est ordinairement en raison inverse de celle du repli des élytres.

L'*abdomen* est formé, sur le dos, de sept ou huit segments, et de cinq sur le ventre : le premier de ceux-ci est souvent creusé d'une fossette : les trois premiers, peu mobiles : le dernier au moins aussi grand que l'antérieur.

Les *pieds*, courts ou médiocres, sont faits pour se contracter contre le corps, dans l'état de repos, ou quand l'insecte est saisi d'un sentiment de crainte. Dans ce but, ils sont ordinairement déprimés et peu convexes dans leur face externe, et souvent ils sont reçus dans des fossettes, de manière à ne faire aucune saillie.

Les *hanches antérieures*, séparées entre elles par le prosternum, sont enchâssées d'une manière transverse dans la poitrine; mais leur grosseur varie suivant le rôle plus ou moins pénible qu'elles ont à remplir. Ainsi, chez les Nosodendres, paisibles habitants des plaies des ormes, elles sont linéaires ; chez les Byrrhes, obligés souvent de se traîner sous des pierres ou de se frayer un chemin dans le sol, elles ont une force proportionnée aux efforts que doit faire l'animal.

Les *hanches intermédiaires* sont subarrondies, et plus largement séparées par le mésosternum.

Les *hanches postérieures*, fortement transversales, sont tantôt presque contiguës, tantôt peu séparées entre elles. A leur tranche postérieure, elles sont creusées d'une rainure destinée à recevoir la cuisse dans les mouvements de flexion.

Les *trochanters* sont courts ou médiocres, et atteignent à peine le quart de la longueur de la cuisse, chez les postérieures.

Les *cuisses* sont destinées soit à recevoir la jambe dans une rainure de leur tranche postérieure, soit à cacher sous cette tranche le bord interne du tibia. Leur forme varie suivant le service plus ou moins pénible qu'elles ont à faire. Ainsi elles sont tantôt renflées près de leur base, tantôt dans leur milieu; chez d'autres, comme chez les Limniques, elles sont peu robustes, et vont en diminuant de grosseur vers l'extrémité.

Les *tibias* varient aussi de forme suivant leur destination. Ainsi, chez les Byrrhes, ils sont arqués et denticulés sur leur tranche externe; chez les Simplocaries, leur arcuité est peu prononcée, surtout chez les postérieurs, et leur tranche est inerme; chez les Nosodendres, les antérieurs sont élargis de la base à l'extrémité : les intermédiaires et postérieurs sont en courbe rentrante et dentelés sur leur tranche externe; chez les Syncalyptes, ils sont écointés vers la base, et parallèles ensuite; chez les Limniques, ils sont grêles et simples. Chez les espèces dont les pieds sont le plus complétement dissimulés dans l'état de contraction, les tibias sont creusés sous leur face interne, d'une dépression destinée à recevoir et à cacher le tarse, dans les moments où l'animal simule l'état de mort.

Les *tarses* sont composés de cinq articles simples ou du moins non bilobés. Souvent ils sont ciliés en dessous; et chez plusieurs, le 3e est muni en outre d'une sole membraneuse : les deux premiers offrent aussi parfois ces sortes d'appendices, mais d'une manière moins sensible. Les articles tarsiens varient de proportions, suivant les genres. En général, le dernier, ou l'onguifère, est le plus long. Chez un grand nombre de ces insectes, les tarses, ou du moins les antérieurs, sont cachés sous le tibia, dans le repos; chez plusieurs ils sont tous libres,

Les *ongles* sont au nombre de deux : les antérieurs fournissent chez les Byrrhes un moyen facile de distinguer les sexes : ils sont grèles et arqués chez les ♀, robustes et courbés presque à angle droit, chez les ♂.

VIE ÉVOLUTIVE.

Les larves des insectes de cette tribu ont, en général, peu attiré l'attention des naturalistes.

Vaudouer a le premier découvert la larve du *B. pilula* ou d'une variété de cette espèce, et l'a envoyée à Latreille, qui a fourni quelques détails sur elle, dans la seconde édition du *Règne animal* de Cuvier (1).

M. Westwood, dans son *Introduction à la classification des insectes* (2), a donné une courte description et la figure de la larve d'une autre espèce du même genre, trouvée par M. Ingpen au pied de la barrière de fer servant à enclore l'un des squares de Londres.

M. de Castelnau a dit quelques mots de celle des Nosodendres dans son *Histoire naturelle des Insectes coléoptères* (3).

Érichson, dans le t. VII des Archives fondées par Wiegmann (4), a donné, des larves des Byrrhes, d'après l'une d'elles, une description détaillée, reproduite par M. Steffahny, dans sa *Monographie des Byrrhes* (5), et par MM. Chapuis et Candèze dans les *Mémoires de la Société des sciences de Liége* (6), et dans leur *Catalogue des Larves des coléoptères* (7).

Ces derniers auteurs ont publié dans les mêmes ouvrages une des-

(1) *Règne animal de Cuvier*, 2e édit., 1829, t. IV, p. 513.

(2) *Introduction to the modern Classification of Insectes* (1839), t. I, p. 179, pl. 17, fig. 17.

(3) *Histoire naturelle des Insectes coléoptères* (1840), t. II, p. 36.

(4) *Archiv für Naturgeschichte*, (1840), t. VII, p. 104.

(5) *Tentamen monographiæ Byrrhorum coleopterorum generis* (1842), p. 4.

(6) *Mémoires de la Société des sciences de Liége* (1853), t. VIII, p. 447.

(7) *Catalogue des Larves des coléoptères*, Liége, 1853, in-8° (tiré à part du travail publié dans les *Mémoires* précédents).

cription complète illustrée d'une figure de la larve du Nosodendre (1), et de celle de la *Simplocaria semistriata* (2).

La même année (1853), M. Letzner a trouvé dans de la mousse, la larve, la nymphe et l'insecte parfait de cette dernière espèce, et a donné, dans les *Mémoires de la Société de Silésie* (3), la figure de la nymphe.

Ces larves n'ont pas entre elles une configuration aussi harmonique que les insectes parfaits, et semblent corroborer l'opinion des auteurs qui, après avoir étudié les métamorphoses si singulières des Helminthes et d'une foule d'autres animaux inférieurs, pensent qu'il est peu rationnel d'établir une classification des animaux, en prenant pour base le premier état de ceux qui subissent des transformations.

Nous donnerons la description de ces larves, en traitant des familles ou des genres auxquels elles appartiennent. Toutes ont une vie obscure ou cachée, et semblent avoir une nourriture peu différente de celle dont elles useront dans leur dernier état.

MOEURS ET HABITUDES DES INSECTES PARFAITS.

Les insectes dont nous esquissons l'histoire, en rejetant la robe de leur jeune âge, ne sont pas réservés à l'heureuse destinée des Cétoines, des Leptures et autres Coléoptères faits pour courtiser les fleurs, dans la dernière phase de leur vie. Parias obscurs, mais utiles dans l'ordre établi de la Providence, ils continuent à mener une existence peu brillante.

Les uns, comme les Nosodendres, fidèles à leurs premières habitudes et aux lieux dans lesquels ils cachaient leurs premiers jours, se traînent sous les écorces des ormes, ou se tiennent dans les plaies de ces arbres, et continuent à y vivre des matières ligneuses ou corticales, altérées par ces ulcères.

D'autres, comme les Byrrhes, se cachent sous les pierres, parmi les

(1) *Mémoires*, p. 445. — *Catal.*, p. 105.
(2) *Mémoires*, p. 448. — *Catal.*, p. 108.
(3) *Denkschrift. d. Schles. Gesellsch f. Vaterl. Cultur*, p. 215, pl. fig. 36.

mousses, sous les herbes entassées et flétries, et vivent principalement de ces matières végétales, pour la trituration desquelles la plupart ont reçu une dent molaire à la base de leurs mandibules. Cependant plusieurs se trouvent quelquefois sous les dépouilles desséchées des petits quadrupèdes ou près de celles-ci. Quand les Boucliers et une foule de larves nécrophages ont dévoré la chair de ces cadavres, quand les Dermestes ont lacéré leur peau, et que les Nécrobies ont nettoyé leurs os, les Byrrhes semblent chargés quelquefois de disperser les derniers débris de ces restes inanimés, et de détruire, quand ils les rencontrent, les poils emportés par les vents.

Les insectes de ce genre aiment en général les lieux secs, les coteaux ou les montagnes; la plupart habitent nos zones froides ou tempérées, et plusieurs ne s'éloignent même pas de nos chaînes les plus élevées.

Les Moryques se trouvent souvent sous les déjections plus ou moins desséchées de nos ruminants. Quand les Aphodies et autres Coprophages les ont délaissées, ils semblent venir contribuer à faire disparaître ces restes sordides, ou peut-être chercher des aliments dans les parties des herbes dont ces matières ont occasionné l'étiolement, en les privant de l'action de la lumière.

D'autres Byrrhiens, comme les Cytiles, se plaisent dans les prés humides, parmi les herbes et les mousses des marais qui leur servent de nourriture.

Les autres Piluliformes aiment tous les lieux sablonneux, les bords des rivières, les terrains humides, ou les vases des marais; ils y accomplissent, loin de nos regards, leur obscure destination, celle de contribuer à la destruction des matières organisées devenues inutiles ou nuisibles.

La plupart des insectes de cette tribu ont un vêtement sombre ou lugubre, en harmonie avec leur existence modeste; cependant, malgré le peu d'éclat de leur robe, leur manteau ne manque pas souvent d'une certaine parure. Ainsi, chez les Nosodendres, les élytres sont ornées de fascicules de poils flavescents, disposés en rangées symétriques. Chez les Syncalyptes et les Curimes, elles sont hérissées de soies sérialement disposées. Chez les Byrrhes, elles sont en général revêtues d'une fine pubescence; mais ce duvet, dans son état de fraîcheur, est rarement d'une couleur et d'une disposition uniformes. Le plus souvent, les étuis sont ornés de bandes transverses, pâles ou cendrées, soit entières, soit entrecoupées, et dont le dessin varié sert à faire distinguer les espèces. D'autrefois elles offrent, en outre, des bandes longitudinales de velours brun ou noir, le plus souvent interrompues ou réduites à des taches. Ces ornements sont malheureusement peu tenaces; le duvet qui les forme disparaît au moins en partie par le frottement, dans l'usage de la vie, comme la beauté de notre visage par les outrages du temps; et les élytres dénudées laissent voir alors des lignes, soit en partie tortueuses, soit droites et constituant des stries plus ou moins prononcées, peu distinctes auparavant sous la pubescence qui les voilait. Chez les Cytiles, les intervalles impairs de ces stries sont agréablement parés de taches alternantes de velours noir et d'un duvet pulviforme d'un vert mi-doré.

Chez nos Simplocaries, qui fréquentent le bord de rivières, la cuirasse brille d'un éclat métallique, capable de tromper l'œil des orpailleurs, occupés à chercher, dans les sables, les paillettes du métal précieux, objet de leur convoitise. Quant aux Limniques et aux Botriophores, espèces myrmidoniennes, destinées à se cacher dans la vase des marécages, ils portent une robe obscure en harmonie avec leur condition.

Plusieurs de nos Piluliformes, condamnés à vivre dans des lieux ténébreux, sont dépourvus des véritables organes du vol, ou n'ont que des ailes rudimentaires; les petites espèces riveraines ou paludicoles, mieux avantagées sous ce rapport, savent parcourir les airs avec facilité, quand le besoin de changer de demeure se fait sentir.

Ces insectes ont une vie en partie nocturne et sont timides et craintifs, comme tous les êtres faibles; ils n'ont pour se défendre de leurs ennemis que les armes de la ruse. Ont-ils quelque motif de crainte? font-ils la rencontre inopportune d'un être capable de leur nuire? notre main s'avance-t-elle pour les saisir? ils abaissent aussitôt leur tête dans leur partie sternale dilatée et avancée en forme de cravate, replient leurs antennes sur les côtés du corselet ou de la tête, appliquent les pieds contre le corps, et demeurent immobiles. Dans cette position, on les dirait alors privés de vie. Dans cette léthargie apparente, les moyens employés pour tromper l'œil de leurs ennemis ne sont pas les mêmes chez tous; ainsi, les insectes des deux premières familles cachent leurs antennes sous les côtés de la poitrine; ceux de la dernière les logent en partie entre les côtés de la tête et le bord antéro-latéral du segment suivant, dans laquelle cette dernière est profondément enchâssée. Chez la plupart des Byrrhiens, les cuisses sont reçues dans des fossettes destinées à les loger pendant leurs mouvements de contraction; les jambes s'insèrent dans une rainure de la tranche postérieure des cuisses; les tarses se relèvent et se cachent dans une dépression de la face interne des tibias; les organes de la marche sont alors si intimement collés au corps, et leurs diverses pièces sont si parfaitement dissimulées et s'effacent d'une manière si complète, que l'animal ressemble à une graine ou à une pilule.

Chez d'autres espèces de cette tribu, quelques-unes des parties de la bouche restent en partie visibles, et leurs tarses, non destinées à être cachés, jouissent de plus de liberté; ils laissent par là plus de facilité à l'animal pour reprendre l'usage de ses pieds.

Ces divers insectes conservent leur état d'immobilité tant qu'ils se croient menacés; dès qu'ils supposent le danger passé, ils renaissent bientôt à la vie, et se mettent en mouvement. Si notre main s'approche de nouveau de l'un d'eux, le petit rusé recommence la même manœuvre. En répétant l'expérience un certain nombre de fois, l'insecte demeure graduellement moins longtemps dans cette léthargie simulée, soit qu'il s'accoutume à ces menaces sans effet, soit qu'il ait hâte de chercher dans la fuite un autre moyen de salut.

Quelques-uns de nos Piluliformes sont d'une taille médiocre; mais plusieurs sont des liliputiens dans l'ordre nombreux des Coléoptères, et sont dédaignés par les jeunes entomologistes en raison de l'exiguité de leur taille.

L'ami de la nature, habitué à des études plus difficiles, les recherche avec plus d'intérêt, prend plaisir à étudier leurs mœurs, leurs habitudes et le rôle qu'ils ont à remplir dans le monde.

Le moraliste voit en eux l'image de ces hommes modestes, sans cesse occupés à faire, dans le silence ou sous les voiles du mystère, des œuvres utiles, et de ces bienfaiteurs de l'humanité dont la vie se résume dans ces mots, inscrits par la reconnaissance sur leur pierre sépulcrale : *Il passa sur la terre en y faisant le bien !*

HISTORIQUE.

On aime à suivre la science dans les progrès que lui ont fait faire les entomologistes qui nous ont précédés, et qui se sont acquis par là des droits à notre reconnaissance. Parmi ces naturalistes, tous, sans doute, n'ont pas des titres égaux à notre admiration ; la Providence ne distribue pas, au même degré, l'intelligence et l'esprit d'observation, à ceux qui se passionnent pour les attraits de la nature. Mais on doit savoir gré à tous ces hommes laborieux des efforts faits par eux pour agrandir la somme de nos connaissances, ou pour nous faciliter l'étude des petits animaux qui nous occupent.

Telle a toujours été notre pensée, et si parfois nous avons cru devoir combattre des opinions qui n'étaient pas les nôtres, ou relever ce qui nous semblait être des erreurs, nous avons taché de le faire avec des formes convenables et dans le but de faire briller la vérité, mais jamais avec l'intention de blesser les auteurs dont la manière de voir n'était pas la nôtre.

Quelque conscience qu'on apporte dans les études auxquelles on se livre, toutes les œuvres de l'homme sont sujettes à l'imperfection et il est difficile d'avoir écrit un certain nombre d'ouvrages sur la science, sans avoir été exposé à commettre des erreurs :

Errare humanum est.

Or, comment ne serait-on pas porté à user de beaucoup d'égards envers les autres, quand soi-même on a besoin de réclamer leur indulgence ?

1758. — Le législateur des sciences naturelles, dans la dixième édition du *Systema Naturæ*, qui doit servir de point de départ, ne signalait à cette époque qu'une des espèces comprises dans notre tribu des *Piluliformes*, et il la fit entrer dans son genre *Dermestes*.

1762. — Geoffroy, dans son *Histoire abrégée des Insectes*, eut sous les yeux plusieurs des espèces dont nous nous occupons, saisit les rapports qui existaient entre elles et les caractères qui les éloignaient des Dermestes, et constitua avec elles son genre *Cistela*, qui aurait dû être conservé.

1767. — Linné, dans la 12e édition de son *Systema Naturæ*, établit une confusion regrettable, en donnant le nom de *Byrrhus* à ceux de ses Dermestes dont Geoffroy avait fait son genre *Anthrenus*, et il comprit dans cette coupe la seule espèce de nos *Piluliformes* connue de lui. L'illustre suédois ne citait pas dans sa synonymie la *Cistèle satinée* de Geoffroy ; on dirait qu'il n'avait pas reconnu son *Byrrhus pilula* dans la description donnée par l'auteur parisien ; il semblait aussi avoir méconnu les caractères du genre *Cistela* de ce dernier.

1774. — De Geer, dans le 4e volume de ses Mémoires, laissa dans son genre *Dermestes*, avec les insectes auxquels ce nom est justement appliqué, les Anthrènes et les Cistèles de Geoffroy.

1775. — Fabricius, dans son *Systema Entomologiæ*, distribua avec raison les Byrrhes de Linné dans deux genres : Il comprit les premières espèces dans le genre *Anthrenus* formé par Geoffroy, et il conserva à la dernière le nom de *Byrrhus*, au lieu de lui rendre celui de *Cistela* donné par l'entomologiste de Paris. Il appliqua ce dernier nom à des insectes très-différents des Byrrhes de Linné ; et, pour paraître justifier ce changement ou cette sorte de déni de justice, il donnait d'une manière dubitative la *Cistèle satinée* de Geoffroy comme synonyme de l'insecte nommé par Linné *Chrysomela cervina*, qu'il plaçait à la tête de sa coupe nouvelle. Mais il est difficile de penser qu'un entomologiste aussi éclairé, et qui devait connaître les Coléoptères décrits par son maître, pût commettre une semblable erreur.

1781. — Dans son *Species Insectorum*, il rectifia en effet cette faute synonymique ; mais au lieu d'adopter le nom générique créé par l'entomologiste de Paris, il continua à désigner sous le nom de *Byrrhus* les Cistèles de cet auteur ; il devenait ainsi abusivement le créateur du genre *Cistela*, appliqué à d'autres insectes.

En vain FUESSLY, dans son *Catalogue des Insectes de la Suisse* (1775) ; SULTZER, dans son *Histoire abrégée des Insectes* (1776) ; LAICHARTING, dans son *Catalogue et description des Insectes du Tyrol* (1781) ; FOURCROY, dans son

Entomologie de Paris (1785); ROEMER, dans ses *Genres des insectes de Linné et de Fabricius* (1789); MARSHAM, dans son *Entomologie britannique* (1802), continuèrent-ils à désigner sous le nom de *Cistela* les insectes compris par Geoffroy sous cette dénomination. Fabricius, dès l'apparition de son dernier ouvrage, avait acquis, en Allemagne surtout, un tel ascendant, que son exemple entraîna les autres entomologistes. OLIVIER, soit dans le t. IV (1789) de l'*Encyclopédie méthodique*, soit dans le tome II (1790) de son *Entomologie*, et LATREILLE, lui-même, dans son *Précis des caractères génériques des Insectes* (1796) marchèrent sur les traces du professeur de Kiel.

Nos Piluliformes, dans le premier ouvrage de l'entomologiste de Brives, composèrent la sixième famille des Coléoptères, avec les Dryops, les Dermestes, les Nécrophores, les Dacnés, les Boucliers, les Scaphidies et les Cholèves.

1800. — Duméril, dans le *Tableau de classification des Insectes* adjoint au premier volume de l'*Anatomie comparée* de Cuvier, chercha, avec plus de bonheur que ne l'avait fait Latreille, à réunir les insectes en familles naturelles.

Il partagea ses Coléoptères pentamérés en cinq familles :

Ceux dont les antennes sont en masse perfoliée ou solide, composèrent celles des *Clavicornes*, et nos *Piluliformes* y trouvèrent place, sous le nom générique de *Byrrhe*, entre les Escarbots et les Anthrènes.

1801. — Lamarck, dans son *Système des Animaux sans vertèbres*, rangea ses *Byrrhes* dans une division analogue, après les Dermestes et les Anthrènes.

1804. — LATREILLE, dans le *Tableau méthodique des Insectes*, inséré à la fin du dernier volume du *Nouveau Dictionnaire d'Histoire naturelle*, donna à sa 2e tribu des Coléoptères le nom de SAPROPHAGES. Elle comprenait les Pentamères

Ayant quatre palpes, et dont le menton n'a jamais une large et profonde échancrure.

Ils furent partagés en seize familles : la dernière, ou celle des BYRRHIENS, comprenait les genres *Escarbot*, *Anthrène*, *Byrrhe* et *Nosodendre*.

Latreille, dans cet ouvrage, créait cette dernière coupe générique, et, mieux inspiré que Fabricius, il la rapprochait des Byrrhes.

1804. — Peu de temps après, dans son *Histoire naturelle des Crustacés et des Insectes*, il donna le nom de NÉCROPHAGES à ses SAPROPHAGES précédents, et divisa cette famille en cinq autres : les *Byrrhiens*, les *Otiophores* (Dryops), les *Ripicoles* (Elmis et Hétérocères), les Dermestins, et les Nécrophages proprement dits.

Les Byrrhiens eurent pour caractère :

Sternum en mentonnière. Pattes parfaitement contractiles, etc.

Ils se composaient des genres *Hister*, *Byrrhus*, *Nosodendron*, *Anthrenus*.

1806. — Duméril, dans sa *Zoologie analytique*, continua à faire entrer nos PILULIFORMES dans sa famille des CLAVICORNES, où ils se trouvaient placés après les Parnes et les Dermestes.

Quant aux Escarbots et aux Anthrènes, ils furent séparés des CLAVICORNES en raison de leurs antennes en masse solide, pour constituer la famille des SOLIDICORNES.

1807. — Latreille, dans son *Genera*, modifia ses travaux précédents. Les BYRRHIENS furent séparés de la famille des NÉCROPHAGES, pour en constituer une particulière. Elle se composa des genres *Megatoma*, *Throscus*, *Anthrenus*, *Byrrhus*, *Nosodendron*, *Hister*, *Elmis* et *Heterocerus*.

Ces divers tâtonnements montraient que, tout en cherchant à réunir nos PILULIFORMES dans une famille naturelle, le but n'avait pas encore été atteint.

1808. — Gyllenhal, qui avait adopté la méthode tarsienne des entomologistes français, ne fut pas plus heureux dans le t. Ier de ses *Insecta suecica*. Sa famille des DERMESTIDES, ayant

Les *Antennes* courtes, dont les trois, et rarement les quatre derniers articles, sont plus gros, et constituent une massue oblongue, perfoliée ; le *Corps* oblong, convexe, le plus souvent pubescent.

comprit les genres *Dermestes*, *Anthrenus*, *Cryptophagus*, *Scaphidium*, *Byrrhus*.

1809. — Latreille, dans ses *Considérations sur l'ordre naturel des Animaux* faisait un pas plus heureux vers l'ordre naturel. Il éloignait de sa famille des BYRRHIENS le genre *Dorcatoma*, pour le faire entrer dans celle des DERMESTINS, et il ajoutait quelques genres à la première qui, dès lors, se composa des suivants : Anthrène, Throsque, Byrrhe, Escarbot, Nosodendre, Elmis, Dryops, Hétérocère et Géorisse.

1813. — Lamarck, dans son *Cours de zoologie du Museum* s'éloignait peu des travaux des naturalistes précédents. Son genre Byrrhe, seul représentant des insectes qui nous occupent, fit partie de la famille des Nécrophages et y prit place entre les Anthrènes et les Escarbots.

1815. — Leach, dans le t. IX de l'*Encyclopédie d'Édimbourg*, éditée par David Brewster, sans s'écarter beaucoup des vues de Latreille, apporta peut-être plus de précision dans les caractères de la famille :

Corps ovoïde. *Pieds* entièrement contractiles ou semi-contractiles. *Prosternum* avancé sur la bouche en forme de mentonnière. *Antennes* plus épaisses vers l'extrémité.

Cette famille fut partagée en deux divisions :

1° Tarses distinctement de cinq articles.

Genres *Anthrenus*, *Throscus*, *Byrrhus*, *Hister*, *Nosodendron*, *Limnius* (créé auparavant, sous le nom d'*Elmis*, par Latreille).

2° Tarses de quatre articles :

Genres *Heterocerus*, *Georissus*.

1817. — Lamarck, dans le t. IV de ses *Animaux sans vertèbres*, réunissait dans la famille des Byrrhiens les Coléoptères pentamères ayant

Le sternum antérieur s'avançant en mentonnière vers la bouche,

caractère indiqué par Latreille, et il y comprenait les genres Escarbot, Byrrhe, Nosodendre, Throsque, Anthrène et Mégatome.

1817. — Latreille, dans le IIIe volume du *Règne animal* de Cuvier, apporta de nouveaux changements à ses premières idées; il admit, parmi les Coléoptères pentamères, à l'exemple de Duméril, une famille des Clavicornes, mais il y fit entrer des espèces de mœurs bien différentes, et parmi les groupes qu'il y forma, celui qui correspondait au genre Byrrhus, de Linné, se composa des mêmes insectes que dans son ouvrage précédent, moins les Dryops, les Hydères (Patamophiles de Germar) et les Hétérocères, qui formèrent un groupe particulier.

1821. — Le comte Dejean, en publiant le *Catalogue de sa collection de Coléoptères*, rendit peut-être plus de services à l'entomologie, ou du moins contribua peut-être plus que tous les écrivains précédents, à porter les jeunes gens à l'étude des insectes.

Doué par la nature d'un coup d'œil observateur et d'un tact admirable, il avait utilisé, au profit de ses connaissances en histoire naturelle, les jours passés loin de la France. Il s'était mis en relation avec les principaux entomologistes de Vienne et de quelques autres parties de l'Allemagne, avait éclairci par l'examen des collections de ce pays, des synonymies douteuses, et avait apporté des provinces germaniques l'indication d'un assez grand nombre de coupes génériques nouvelles, établies seulement dans les cabinets visités par lui, mais qui attestaient en général la perspicacité de leurs auteurs. Il indiqua dans son Catalogue ces genres inédits, et presque tous ont été admis depuis par des auteurs qui en ont décrit les caractères.

Le Catalogue du comte Dejean offrait, dans sa disposition, un progrès évident. Les familles des STERNOXES, des MALACODERMES, des TÉRÉDILES, des NÉCROPHAGES et des CLAVICORNES répartissaient les Coléoptères d'une manière plus rationnelle qu'on ne l'avait fait jusqu'alors. Ce travail avait en outre le mérite de mettre à la suite les unes des autres les espèces qui se liaient entre elles par leurs affinités.

Les CLAVICORNES se composèrent des genres *Throscus*, *Anthrenus*, *Trinodes*, *Aspidiphorus*, *Nosodendron*, *Hister*, *Hololepta*, *Byrrhus*, *Limnichus*, *Georissus*, *Elmis*, *Macronychus*, *Parnus*, *Potamaphilus* et *Heterocerus*.

Cette famille des CLAVICORNES renfermait donc tous nos PILULIFORMES : le genre *Nosodendron* seul se trouvait déplacé; et il introduisait dans la classification le genre *Limnichus*, indiqué par Ziegler.

1825. — Latreille, dont la manière de voir relativement à la distribution des insectes, a toujours été très-variable, réduisit, dans ses *Familles naturelles du règne animal*, sa tribu des *Byrrhiens* aux genres Anthrène, Nosodendre, Byrrhe, Aspidiphore et à celui de *Limnichus*, dont il reconnaissait la création nécessaire.

Par une heureuse inspiration, il séparait les Throsques des Byrrhiens, pour les colloquer avec les ELATÉRIDES.

1829. — Enfin, cet illustre auteur, dans la 2e édition du *Règne animal* de Cuvier, reporta parmi ses *Dermestins* les Anthrènes et les Lymniques (dont il établissait les caractères), et réduisit la tribu des BYRRHIENS aux genres Nosodendre, Byrrhe et Trinode. Mais il signalait dans ce groupe des insectes qui méritaient par leur organisation de constituer des coupes nouvelles : elles n'ont pas tardé à être établies.

1830. — Le système tarsal établi par Geoffroy, et qui jusqu'alors avait prévalu en France, avait déjà été attaqué de l'autre côté de la Manche par Curtis et Stephens, les deux hommes qui étaient alors les entomologistes les plus influents à Londres.

Stephens sépara avec raison les Hister de la famille des BYRRHIDES, de Leach, qu'il prenait pour guide, et répartit ces derniers insectes de la manière suivante :

	GENRES.
A Massue des antennes de trois articles.	
B Prothorax postérieurement trilobé.	
C Corps couvert d'écaillettes.	*Anthrenus.*
CC — densement garni de poils.	*Trinodes.*
CCC — subpubescent.	*Aspidiphorus.*
B Prothorax arrondi postérieurement.	
D Élytres ponctuées.	*Nosodendron.*
DD Élytres striées.	*Syncalypta.*
AA Massue des antennes des cinq articles.	
E dernier article des palpes tronqué.	*Byrrhus.*
EE — — — aigu.	*Simplocaria.*

Stephens continuait ainsi à admettre parmi ses BYRRHIDES les genres *Anthrenus*, *Trinodes* et *Aspidiphorus* et, avec Curtis, il introduisait dans la science le genre *Simplocaria* établi par Marsham dans la partie de ses manuscrits restée inédite, et celui de *Syncalypta* indiqué par Dillwyn.

1833. — Le comte Dejean, dans la 2e édition du *Catalogue des Coléoptères* de sa collection, disposa ses CLAVICORNES d'une manière plus naturelle qu'on ne l'avait fait jusqu'alors. Nos PILULIFORMES y furent représentés par les genres *Nosodendron*, *Byrrhus* et *Limnichus*, types des trois familles comprises dans cette tribu. Il ne changea rien dans la 3e édition (1837) de cet ouvrage.

1835. — M. Brullé, dans son *Histoire naturelle des Insectes*, composa sa famille des BYRRHIENS des genres *Oomorphus*, *Simplocaria*, *Byrrhus*, *Trinodes*, *Chætophora*, *Nosodendron*.

Il admettait ainsi le genre *Oomorphus*, de Curtis, basé sur une chrysoméline se rattachant aux *Lamprosoma*, de Kirby, coupe créée en 1817;

et il remplaçait la dénomination de *Syncalypta* par celle de *Chætophora* appliquée, sans autre explication, par Kirby et Spence (Introd. t. IV, 1826, p. 617) à l'une des deux espèces de Georisses, dont ils avaient parlé dans le premier volume du même ouvrage (1817, p. 258).

M. de Castelnau, dans le t. II de son *Histoire naturelle des Insectes* (1840), suivit M. Brullé dans cette fausse voie.

1838. — M. Heer, dans sa *Fauna Coleopterorum helvetica*, réduisit ses Byrrhides aux deux genres *Nosodendron* et *Byrrhus*, et remarqua avec raison que les *Byrrhus concolor*, STURM, dont Curtis avait fait le genre *Oomorphus*, était étranger à cette famille.

1839. — M. Westwood, dans son *Introduction to the modern Classification of Insectes*, fit la même observation.

1839. — Néanmoins Stephens, dans son *Manual*, n'apporta d'autre changement à son premier travail que d'ajouter le genre *Limnichus* à ses Byrrhides.

1843. — M. Steffahny prit pour sujet de sa thèse de docteur en médecine la *Monographie* de l'ancien genre des BYRRHUS (1), travail comprenant notre famille des BYRRHIENS.

Il distribua ces insectes en coupes génériques de la manière suivante :

	GENRES.
A Antennes sensiblement plus grosses vers l'extrémité.	*Byrrhus.*
AA Antennes brusquement ou presque brusquement terminées en massue.	
B Massue des antennes de trois articles.	*Syncalypta.*
BB Massue des antennes de cinq articles.	
C Tarses courts, lobés en dessous.	*Pedilophorus.*
CC Tarses grêles et simples	*Simplocaria.*

Steffahny admit ainsi les genres *Syncalypta* et *Simplocaria* dont Stephens avait publié les caractères, et ajouta aux coupes déjà établies celle de *Pedilophorus*.

Cet auteur fit une courte analyse historique de cette famille, indiqua brièvement la manière de vivre de ces petits animaux, reproduisit la

(1) Tentamen *Monographiæ Byrrhorum* Coleopterorum Generis. *Berolini*, 1842, in-8°, 42 pages, (tiré à part du *Zeitschrift* de *Germar*).

description de la larve du *Byrrhus pilula* insérée par Érichson (1841) dans les Archives fondées par Wiegmann, donna la description des diverses parties du corps des Coléoptères objet de son travail, et divisa les espèces d'après les caractères tirés principalement des organes bucaux.

1845. — M. Blanchard, dans son *Histoire naturelle des Insectes*, divisa sa tribu des Dermestiens en quatre familles et celle des Byrrhides comprit les genres Nosodendre, Byrrhe et Trinodes.

1845. — M. L. Redtenbacher, dans ses *Genres de la Faune d'Allemagne disposés d'après une méthode analytique*, fit entrer le genre *Limnichus* dans sa 13e famille ou celle des Dermestes, et composa sa 15e famille ou celle des Byrrhes, de la manière suivante :

	GENRES.
A Antennes graduellement plus grosses.	*Byrrhus.*
AA Antennes offrant leurs derniers articles visiblement plus gros.	
B Massue de trois articles.	
C Massue des antennes courte, indistinctement articulée.	*Syncalypta.*
CC Massue des antennes allongée, perfoliée.	
D Dernier article des palpes cylindrique, corps presque hémisphérique.	*Nosodendron.*
DD Dernier article des antennes faiblement sécuriforme. Corps suballongé.	*Throscus.*
BB Massue des antennes de cinq articles.	
E Tarses courts, munis d'une sole en dessous.	*Pedilophorus.*
EE Tarses grêles, simples.	*Simplocaria.*

1848. — Érichson, dans le t. III de son *Histoire naturelle* (*Naturgeschichte der Insecten Deutschlands*), acheva d'élaguer les coupes génériques qui s'éloignent plus ou moins de la tribu dont nous nous occupons, et la partagea en trois groupes, correspondant chacun aux genres *Nosodendron*, *Byrrhus* et *Limnichus*, du catalogue Dejean.

Les caractères dont il se servit pour répartir nos Piluliformes en groupes et en genres, méritent d'être signalés :

1o *Nosodendrini*. Tête avancée. Bouche inférieure cachée par le menton.
2o *Byrrhini*. Tête reçue dans le prothorax, front confondu avec l'épistome.
3o *Limnichini*. Tête reçue dans le prothorax ; épistome distinct.

Les *Byrrhini* furent divisés de la manière suivante :

	GENRES.
A Pieds postérieurs reçus dans des fossettes particulières. Tarses tous logés, dans la contraction, dans une dépression de la face interne des tibias.	
a Yeux, mandibules et labre, cachés dans la contraction.	*Syncalypta.*
b Yeux et mandibules cachés : labre apparent.	*Curimus.*
c Mandibules cachées ; labre libre ; yeux à moitié voilés.	*Byrrhus.*
AA Point de fossettes particulières pour recevoir les pieds postérieurs.	
B Tarses antérieurs entièrement cachés, dans le repos, dans une dépression de la face interne des tibias. Tarses postérieurs libres. Yeux à demi-voilés.	
d Mandibules cachées. Labre libre.	*Cytilus.*
e Mandibules et labre libres.	*Morychus.*
BB Tous les tarses libres	*Simplocaria.*

L'illustre entomologiste créait ainsi trois coupes nouvelles (*Curimus*, *Cytilus* et *Morychus*) ; il s'était borné à regarder comme une section des Simplocaries le genre *Pedilophorus*, de Steffahny. Le troisième groupe était réduit au genre *Limnichus*. Érichson n'avait pas fait attention que le caractère d'avoir l'épistome distinct du front, qui lui servait à séparer ce dernier groupe des précédents, se retrouve chez plusieurs Byrrhiens, surtout chez les Simplocaries.

1849. — M. L. Redtenbacher, dans la première édition de sa *Fauna austriaca*, modifia ses idées précédentes suivant celles de Steffahny ; il admit le genre *Pedilophorus* de ce dernier, et fit entrer ses Aspidiphores parmi ses Byrrhes. Il divisa ces insectes de la manière suivante :

	GENRES.
A Antennes grossissant graduellement.	*Byrrhus.*
AA Antennes terminées par une massue.	
B Massue des antennes formée par un ou trois articles visiblement plus gros ou par un bouton terminal.	
C Antennes de dix articles.	
D Corps ovoïde ou elleptique. Bord interne des mandibules simple.	*Limnichus.*
DD Corps presque globuleux, élargi et ventru après la moitié de sa longueur. Mandibules entaillées à l'extrémité.	*Aspidiphorus.*
CC Antennes de onze articles.	

E Bouton terminal des antennes court, indistinctement articulé. Tête enchâssée. *Syncalypta.*
EE Bouton terminal des antennes long, perfolié. Tête avancée. *Nosodendron.*
B Massue terminée par cinq articles un peu plus gros.
F Tarses courts, garnis d'une sole en dessous. *Pedilophorus.*
FF Tarses grêles et simples. *Simplocaria.*

Érichson n'avait pas parlé du nombre des articles des antennes des Limniques, parce qu'il avait dit que tous les insectes de la famille des Byrrhides en ont onze. Le savant directeur du Museum de Vienne a été trompé par son instrument, en leur accordant seulement dix articles.

1854. — M. Lacordaire, dans le deuxième volume de son Genera, s'est laissé entraîner par M. Redtenbacher dans cette indication erronnée. Il a, du reste, suivi Érichson pour la division de ses Byrrhiens.

La classification du savant prussien a servi de base aux divers travaux produits depuis sa publication.

MM. Bach, dans sa *Faune des Coléoptères* (*Kneferfauna*) (1849); Lacordaire, dans le t. II de son *Genera* (1854); L. Redtenbacher, dans la 2e édition de sa *Fauna austriaca* (1858); Jacquelin du Val, dans le t. II (1859) de son *Genera* édité par M. Deyrolle, ont, à peu de chose près, suivi la même marche.

M. L. Dufour, dont la longue et brillante existence a été si bien employée, a publié sur cette tribu et sur celles qui l'avoisinent (1) un travail qu'on ne lira pas sans intérêt. Ses recherches serviront à expliquer le mécanisme des fonctions de ces petits animaux et le rôle que la Providence les a appelés à remplir sur la terre.

L'étude des espèces de cette tribu est rendue souvent très-difficile par la disparition du duvet, chez les espèces dont le dessus du corps en est revêtu. En attendant qu'un observateur plus habile fasse paraître

(1) Recherches anatomiques et Considérations entomologiques sur quelques Insectes coléoptères compris dans les familles des *Dermestins*, des *Byrrhiens*, des *Acanthopodes* et des *Leptodactyles* (*Ann. des Sc. nat.*, 2e série, t. I, 1834, p. 56 et suivantes).

une bonne monographie de ces petits animaux, nous serons heureux si notre travail peut être utile aux amis de la science.

Nous partagerons nos Coléoptères Piluliformes en trois familles :

Familles.

Antennes

- cachées, dans le repos, sur les côtés de la poitrine. Partie prosternale constituant le bord antérieur de la poitrine plus courte que le prosternum.
  - Tête penchée en avant. Partie prosternale constituant le bord antérieur de la poitrine laissant à découvert le menton et même la pièce prébasilaire : le menton voilant les parties inférieures de la bouche. — NOSODENDRIENS.
  - Tête subconvexement perpendiculaire, partie prosternale constituant le bord anterieur de la poitrine, s'avançant en forme de cravate ou de mentonnière, voilant plus ou moins les parties de la bouche, dans l'état de repos. — BYRRHIENS.
- rejetées sur les côtés de la tête, dans le repos. Tête subconvexement perpendiculaire dans le repos. Partie prosternale constituant le bord antérieur de la poitrine, offrant le bord externe de ses flancs contigu au bord interne du repli prothoracique, et sa partie antépectorale plus longue que le prosternum. — LIMNICHIENS.

PREMIÈRE FAMILLE

LES NOSODENDRIENS.

Caractères : *Antennes* cachées dans le corps sur les côtés de la poitrine ; insérées sous le rebord de l'épistome.

Tête penchée en avant.

Partie prosternale, constituant le bord antérieur de la poitrine, laissant entre le bord externe de ses flancs et le bord interne du repli, un espace formant une sorte de rainure étroite, mais non destinée à loger l'antenne.

Partie antépectorale plus courte que le prosternum : celui-ci subparallèle.

Épistome confondu avec le front.

Prothorax élargi presque en ligne droite sur les côtés.

Élytres peu ou médiocrement dilatées sur les côtés du postpectus.

Mésosternum échancré ou entaillé jusqu'à la moitié de sa longueur pour recevoir la pointe du prosternum.

Métasternum non entaillé dans la partie médiane de son bord postérieur, pour recevoir la partie médiane du bord antérieur du premier arceau ventral.

Genre *Nosodendron*, Nosodendre; Latreille.

Latreille, Nouv. Dict. d'Hist. nat., t. XXIV (1804), p. 146.

(νόσος, maladie ; δένδρον, arbre).

Caractères : Ajoutez à ceux de la famille :

Tête engagée dans le prothorax jusqu'aux yeux; presque en forme de triangle subarrondi en devant.

Yeux à moitié au moins apparents.

Labre en majeure partie voilé par l'épistome, ne laissant apparaître que son bord antérieur.

Mandibules peu saillantes.

Menton presque en forme de triangle à côtés subcurvilignes, et subarrondi en devant, plus long sur la ligne médiane que large à la base; voilant les parties inférieures de la bouche, dans l'état de repos.

Pièce prébasilaire très-apparente, transverse; aussi large en devant que le menton à sa base, un peu plus large à son bord postérieur qu'à l'antérieur.

Antennes couchées, dans le repos, sur le repli prothoracique; en partie voilées alors par les cuisses de devant, de onze articles : les premier et deuxième, subglobuleux, celui-ci, un peu moins gros que le premier; les troisième à huitième, étroits; le troisième, grêle, allongé, aussi long que les deux suivants réunis; les quatrième à huitième, submoniliformes ; les trois derniers constituant brusquement une massue perfoliée.

Prothorax transverse; un peu arqué en arrière et obtus au devant de l'écusson, à la base.

Élytres dilatées en arc assez faible ou médiocre sur les côtés du postpectus.

Repli des élytres subhorizontal, légèrement canaliculé; creusé d'une fossette peu profonde, à la base; formant par son bord externe le bord marginal des élytres.

Premier arceau ventral creusé, de chaque côté, d'une dépression pour recevoir les cuisses postérieures dans le repos

Tibias comprimés, denticulés sur leur tranche externe; les *antérieurs* échancrés vers l'extrémité de leur tranche externe; les autres un peu en courbe rentrante sur leur tranche externe.

Tarses de cinq articles : le dernier des postérieurs presque aussi long que les trois précédents réunis; les autres, garnis de quelques soies inférieurement; aucun de ces articles muni d'une sole membraneuse en dessous. Les tarses antérieurs reçus dans le repos, dans une dépression du côté interne de la jambe; les tarses postérieurs libres.

Ongles simples.

Ajoutez : *mandibules* terminées en pointes, munies d'une membrane à leur bord interne, et pourvues d'une dent molaire à la base.

Mâchoires à deux lobes. L'*interne*, corné à son côté externe et terminé par un crochet ou par une pointe et garni de fortes soies, membraneux à son bord interne; le lobe *externe* coriace, subparallèle, densement velu à l'extrémité.

Palpes maxillaires de la longueur des mâchoires; de quatre articles. Les trois premiers, courts; le dernier, subcylindrique, obtus ou tronqué à son extrémité.

Languette membraneuse, arrondie, fixée au bord interne du menton, divisée en deux lobes.

Palpes labiaux peu apparents; de trois articles; le dernier, plus long que les deux premiers réunis.

Olivier plaça cet insecte parmi ses Byrrhes; Fabricius, moins bien inspiré, le colloqua avec ses Sphaeridies; Latreille, en le ramenant à sa place naturelle, en fit le type du genre Nosodendre.

M. de Castelnau a dit : « La larve est molle, composée de segments raboteux et garnis latéralement de poils assez roides. » MM. Chapuis et Candèze en ont publié la description suivante :

Tête cornée, horizontale, à bouche dirigée en avant ; convexe et irrégulière en dessus, plane en dessous. *Ocelles* au nombre de cinq de chaque côté, disposés en deux séries : l'antérieure, de trois, situés derrière les antennes; la postérieure, de deux : ces ocelles, assez gros et assez saillants, distants les uns des autres. *Antennes* insérées au dessus et un peu en dehors des mandibules, courtes, formées de trois articles : le premier, assez gros ; le deuxième, plus mince et plus long; le troisième, très-petit, rudimentaire. *Plaque sus-céphalique* présentant une carène obtuse, peu marquée entre les antennes. *Chaperon* assez grand, arrondi en devant. *Labre* nul. *Mandibules* irrégulièrement triangulaires, saillantes, peu épaisses; à bord externe courbe, finement denticulé et cilié vers sa base ; portant une dent aiguë à leur extrémité ; leur bord interne denté et fortement cilié vers sa partie basilaire. *Mâchoires* munies d'un lobe bien développé, atténué vers l'extrémité et cilié à son bord interne. *Palpes maxillaires* de trois articles, cylindriques : le premier, court; le deuxième, un peu plus long; le troisième, presque aussi long que les deux précédents réunis, et terminé par une extrémité obtuse. *Lèvre* formée d'un menton transversal, quadrangulaire; de deux pièces palpigères distantes l'une de l'autre, peu développées, portant des palpes labiaux biarticulés ; d'une languette assez grande, saillante, fortement bifide et ciliée à sa partie antérieure ; garnie de deux faisceaux de soies molles, qui s'élèvent entre les palpes et la languette. *Segments thoraciques* recouverts chacun d'un écusson corné, débordant latéralement le corps. *Prothorax* un peu plus long, rugueux par suite de la présence de petits tubercules saillants ; les deux autres segments présentant des stries longitudinales moins marquées que celles des segments abdominaux, et latéralement les premiers indices des prolongements de ces mêmes segments. *Pattes* courtes, composées d'une petite *hanche* dirigée en dedans; d'un *trochanter* court; d'une *cuisse* plus large, cylindrique; d'une *jambe* très-petite, portant un *tarse* peu développé, terminé par un ongle simple. *Segments abdominaux* au nombre de huit, également recouverts d'écussons assez durs ; les sept premiers ornés chacun de six petites côtes longitudinales, formées de petits tubercules rapprochés et latéralement de part et d'autres d'un petit prolongement recouvert de longues soies jaunâtres, dressées et rayonnantes à leur extrémité ; ces prolongements d'autant plus isolés qu'ils sont plus près de la partie terminale du corps. Le segment anal conique, très-grand, muni vers sa base de deux petits tubercules coniques, et sur sa surface de quatre côtes longitudinales, formées comme celles des arceaux précédents. *Anus* non prolongé.

Long. 0^m,0078 à 0^m,0090 (3 1/2 à 4 l.)

CHAPUIS et CANDÈZE, Catal. des larves des Coléopt., p. 106, pl. 3, fig. 6, 6a et 6b.

Cette larve se trouve dans les mêmes lieux que l'insecte parfait.

1. Nosodendron fasciculare. OLIVIER.

Ovale ; convexe ; noir ; peu ponctué sur la tête et sur le prothorax, assez densement sur les élytres : celles-ci parées chacune de cinq rangées de faisceaux de poils flavescents ou d'un flave roussâtre. Dessous du corps et pieds noirs.

Byrrhus fascicularis. OLIV., Entom., t. II, n° 13, p. 8, 7, pl. 2, fig. 7.— STURM, Deutsch. Ins., t. II, p. 115. 21.— DUFTSCH, Faun. Austr., t. III, p. 19, 8.— SCHONH., Syn. ins., t. I, p. 113, 17.
Sphæridium fasciculare. FABR., Ent. Syst, t I. p. 81, 17. — Id. Syst. Eleuth.. t. I, p. 94, 9.
Nosodendron fasciculare. LATR, Nouv. Dict. d'Hist. nat., t. XXIV, p. 146. — Hist. nat., t. IX, p. 263.—Id. Gener., t. II, p. 244, 1. — CURTIS, Brit. Entom., t. VI, pl. 246. — STEPH. Illust., t. III, pl. 155, 1. — SCHUCK. Col. 30, 274, pl. 30, fig. 5. — HEER, Faun. col. helv., p. 444, 1. — ERICHSON, Naturg. Ins. Deutsch., t. III, p. 466, 1. — BACH, Kaeferfaun, p. 290. — REDTENB., Faun., austr., 2e édit., p. 403. — JACQUELIN DU VAL, Gen., t. II, p. 263, pl. 63, fig. 311.

Long. 0^m,0045 à 0^m,0048 (2 à 2 1/8 l.).— Larg. 1^m,0035 (1 2/4 l.).

Corps ovale ; convexe ; noir, un peu luisant. *Tête* en triangle obtus ; noire ; pointillée ou finement ponctuée. *Antennes* d'un brun rouge. *Prothorax* transverse ; élargi d'avant en arrière ; légèrement rebordé sur ses côtés; arqué en arrière et sans rebords à sa base; convexe; creusé d'un sillon plus ou moins apparent sur les deux tiers antérieurs de sa ligne médiane ; noir, finement ponctué. *Ecusson* en triangle un peu plus long que large ; noir, presque imponctué. *Elytres* à peine plus larges en devant que le prothorax à sa base; un peu rétrécies d'avant en arrière jusqu'aux deux tiers, arrondies, prises ensemble, postérieurement; convexes ; noires ; plus fortement et plus densement ponctuées que le prothorax ; parées chacune de cinq rangées de faisceaux de poils d'un flave roussâtre. *Dessous du corps* noir ; glabre, ponctué. *Pieds* noirs : *tarses* souvent bruns ou d'un brun rouge.

Cet insecte est rare dans les environs de Lyon ; il préfère les parties plus tempérées ou plus froides. On le trouve sous les écorces, et surtout dans les plaies des ormes et de quelques autres arbres.

DEUXIÈME FAMILLE

LES BYRRHIENS

Caractères : *Antennes* repliées sur les côtés de la poitrine dans le repos, insérées à découvert.

Tête subconvexement perpendiculaire ou inclinée.

Partie prosternale constituant le bord antérieur de la poitrine laissant, entre le bord externe de ses flancs et le bord interne du repli, un espace formant une sorte de rainure pour loger quelques-uns des articles basilaires des antennes, dans leur état de repos.

Partie antépectorale plus courte ou à peine aussi longue que le prosternum.

Prothorax élargi d'avant en arrière, en courbe rentrante sur les côtés.

Elytres très-sensiblement dilatées sur les côtés du postpectus.

Repli des Elytres creusé d'une fossette plus ou moins profonde à sa base.

Mésosternum échancré à peu près jusqu'à la moitié de sa longueur, pour recevoir l'extrémité du prosternum.

Métasternum en angle dirigé en arrière en forme de pointe ordinairement bifide vers laquelle s'avance la partie médiane avancée en angle du premier arceau ventral.

Ces insectes se partagent en deux branches :

		Branches.
Yeux	complètement ou presque complètement voilés par le prothorax. Partie prosternale rétrécie d'avant en arrière depuis le bord externe des flancs jusqu'à l'extrémité du prosternum, en formant une sinuosité vers le point d'insertion des hanches de devant, c'est-à-dire vers la base du prosternum : celui-ci rétréci d'avant en arrière. Tibias intermédiaires en ligne droite sur leur tranche externe.	SYNCALYPTAIRES.
	à moitié apparents. Partie prosternale brusquement rétrécie vers la base du prosternum : celui-ci, subparallèle. Tibias intermédiaires arqués sur leur tranche externe.	BYRRHAIRES.

PREMIÈRE BRANCHE

LES SYNCALYPTAIRES

Caractère : *Yeux* complètement ou presque complètement voilés par le prothorax.

Partie prosternale rétrécie d'avant en arrière depuis le bord externe de ses flancs jusqu'à l'extrémité du prosternum, en formant une sinuosité vers l'insertion des hanches de devant, c'est-à-dire vers la base du prosternum : celui-ci rétréci d'avant en arrière.

Repli des élytres subperpendiculaire, formant par son bord interne le bord externe de celles-ci.

Tibias intermédiaires et postérieurs écointés près du genou, puis en ligne droite sur leur tranche externe, offrant vers leur quart basilaire leur plus grande largeur, rétrécis vers l'extrémité.

Tarses tous reçus dans l'état de repos, dans une dépression de la face interne des tibias.

Premier arceau ventral creusé d'une fossette de chaque côté, pour recevoir les pieds, dans l'état de contraction.

Corps ovalaire, arqué longitudinalement.

Les Syncalyptaires s'éloignent des Nosodendres par leur partie prosternale avancée en forme de cravate ou de mentonière voilant les parties inférieures de la bouche, et même les mandibules, dans l'état de repos; par cette pièce offrant sa partie antépectorale et ses flancs plus développés, et par le prosternum rétréci d'avant en arrière, au lieu d'être parallèle, par leurs yeux voilés ou à peu près par le prothorax; par ce dernier, en courbe rentrante sur les côtés; par la tige de leurs antennes reçue dans une rainure; par leurs tibias écointés près du genou, subanguleux ou offrant la plus grande largeur vers le quart basilaire de leur longueur, et graduellement rétrécis ensuite jusqu'à l'extrémité; par le repli de leurs élytres subvertical et paraissant former le bord interne des étuis avec son bord interne.

Les caractères tirés de la forme de leurs tibias et de leur prosternum les éloignent des Byrrhaires, dont ils se distinguent encore par leurs yeux cachés.

Ces insectes, généralement de petite taille, se trouvent sous les pierres, dans les fossés des forts, sous les débris des plantes, dans les sables des rivières.

Ils ont une robe généralement obscure, hérissée de soies sujettes à tomber, ou garnie de petites écailles, et souvent souillée par la vase des lieux qu'ils habitent.

Ils se partagent en deux genres :

		GENRES.
Antennes	brusquement terminées par une massue de trois articles (1). Labre presque entièrement caché par le prosternum, dans l'état de repos; ne se montrant que sous la forme d'une tranche.	*Syncalypta.*
	grossissant graduellement à partir du 5e ou du 6e article. Labre très-apparent.	*Curimus.*

(1) Des insectes étrangers à la France, qui terminent la famille des Byrrhiens, et dont nous avons formé le genre *Trinaria*, ont aussi les antennes terminées par une massue de trois articles; mais ils ont les yeux en majeure partie découverts;

Genre *Syncalypta*, Syncalypte (Dillwyn), Stephens.

Stephens, Illustr. of Brit Entom., t. III, p. 133.

Συγκαλυπτὸς, couvert de tous côtés.

Caractère : *Antennes* terminées brusquement par une massue de trois articles.

Labre presque entièrement voilé par l'épistome : celui-ci confondu avec le front, ou peu distinct de ce dernier.

Mandibules et parties inférieures de la bouche cachées par la partie prosternale avancée en forme de cravate ou de mentonnière.

Antennes insérées à découvert, au côté antéro-interne des yeux ; couchées sous les côtés de l'antépectus et presque entièrement voilées par les pieds antérieurs, dans l'état de repos ; de 11 articles : les 1er et 2e subglobuleux : celui-ci plus petit que le 1er, d'un diamètre un peu plus large que le 3e : celui-ci subparallèle, au moins aussi long que les deux suivants réunis : les 4e à 8e petits, submoniliformes : les trois derniers constituant brusquement une massue perfoliée.

Prothorax en arc dirigé en arrière à la base, et peu ou point sensiblement bissinué à celle-ci.

Repli des élytres voilant la moitié postérieure du postépisternum.

Ajoutez :

Mandibules ordinairement bidentées à leur extrémité et munies d'une molaire basilaire.

Mâchoires à deux lobes : l'interne, membraneux : l'externe, coriace.

Palpes maxillaires grêles, à dernier article allongé et accuminé.

Palpes labiaux courts.

Tarses peu garnis de poils sous les quatre premiers articles : aucun de ceux-ci muni d'un sole dessous.

la partie antépectorale plus courte et brusquement rétrécie ; le prosternum parallèle ; le labre, les mandibules et une partie des pièces inférieures de la bouche, visibles dans l'état de repos, et ils ont ainsi des caractères physiologiques qui les éloignent à première vue des *Syncalypta*.

Les espèces de France sont les suivantes :

A Dessus du corps revêtu d'écaillettes.
B Prothorax paraissant en ligne droite à la base, quand il est vu perpendiculairement en dessus. Elytres parées chacune de deux bandes onduleuses, obliquement transverses, et d'un demi-cercle basilaire et d'une tache apicale formée par des écaillettes blanches. *Paleata*.
BB Prothorax un peu en angle dirigé en arrière, quand il est examiné perpendiculairement en dessus. Elytres recouvertes d'écaillettess cendrées. *Setigera*.
AA Dessus du corps non revêtu d'écaillettes.
C Front non creusé de deux sillons divergents. Prothorax presque en ligne droite à sa base, au moins sur les côtés de celle-ci, quand il est examiné perpendiculairement en dessus. *Striato-punctata*.
CC Front creusé de deux sillons divergents d'arrière en avant. Prothorax en ligne arqué en arrière, à sa base, quand il est vu perpendiculairement en dessus. *Spinosa*.

Syncalypta setosa; WALTL. *Brièvement ovale ; noire ; couverte en dessus d'écaillettes en majeure partie d'un blanc cendré, en partie brunes : les premières constituant ordinairement sur les élytres trois bandes onduleuses; hérissées en-dessus de soies courtes d'un jaune brunâtre, peu rapprochées, renflées à leur extrémité. Élytres à dix rangées striales de points profonds : la justa-suturale approfondie postérieurement : les autres presque uniformes.*

Byrrhus setiger, DUFTSCH. Faun. Austr., t. III, p. 22, 25.
Byrrhus setosus, WALTL, Isis, 1838, p. 273, 21.
Syncalypta setigera, HEER., Faun. Col. helv., p. 444, 1.
Syncalypta setosa, ERICHSON, Naturg. de Ins. Deutsch., t. III, p 469, 1.— L. REDTENBACHER, Faun. Austr., 2e édit., p. 404.

Long. 0m,0026 à 0m,0029 (1/5 à 1/3 l.). — Larg. 0,m0015 à 0m,0017 (2/3 à 3/4 l.).

Corps ovale ou brièvement ovale, plus rétréci postérieurement; convexe; noir; assez densement revêtu d'écaillettes en majeure partie d'un blanc cendré, en partie brunes; hérissé de soies courtes, peu rapprochées, d'un jaune brunâtre, renflées vers leur extrémité. *Tête* et *prothorax* finement ponctués: ce dernier marqué d'une dépression oblique dirigée vers chaque angle antérieur. *Écusson* glabre, noir. *Élytres* ordinairement parées chacune de trois bandes onduleuses, formées par les écaillettes cendrées; marquées de rangées striales de points profonds : la juxta-marginale approfondie postérieurement : les autres presque uniformes. *Dessous du corps* ponctué; noir; parfois d'un rouge brun sur le ventre; garni d'écaillettes. *Pieds* noirs ou d'un rouge brun. *Cuisses* et *tibias* ciliés.

Cette espèce que nous n'avons pas eue sous les yeux se trouve en Suède et dans diverses parties de l'Allemagne et peut-être de la Suisse. Il n'est pas à notre connaissance qu'elle ait été prise en France.

Obs. Elle se distingue des deux suivantes par ses élytres marquées de rangées striales de points profonds, au lieu d'avoir des stries plus ou moins sensiblement ponctuées; elle s'éloigne d'ailleurs de la *setigera*, avec laquelle plusieurs entomologistes paraissent la confondre, par son corps plus court, par ses rangées striales presque également prononcées, à part la juxta-suturale qui est sulciforme postérieurement, et par ses soies plus courtes.

1. Syncalypta paleata; Erichson.

Brièvement ovale; convexe; noire; garnie en dessus d'écaillettes en majeure partie blanches, et d'autres d'un fauve brun, et hérissée de soies assez courtes, d'un blond livide, renflées vers leur extrémité. Prothorax paraissant en ligne droite à la base quand il est examiné perpendiculairement en dessus. Écusson en triangle subéquilatéral. Élytres striées, à stries peu visiblement ponctuées: la justa-suturale sulciforme postérieurement: les deux externes sur toute leur longueur.

Syncalypta paleata. Erichs. Naturg. d. Ins. Deutsch., t. III, p. 470, 2. — L. Redentbach, Faun. Aust., 2e édit., p. 404.

Long. 0m,0025 à 0m,0029 (1/5 à 1/3 l.). — Larg. 0m,0015 à 0m,0016 (2/3 à 3/4 l.).

Corps ovale, plus rétréci postérieurement; noir; assez densement revêtu en-dessus d'écaillettes blanches ou d'un blanc cendré, et d'écaillettes brunes et fauves; parsemé de soies courtes, d'un blond livide, renflées à leur extrémité. *Antennes* brunes. *Prothorax* élargi d'avant en arrière, faiblement échancré en arc rentrant, et muni d'un léger rebord, sur les côtés; sans rebord et paraissant tronqué en ligne droite, à la base, quand il est examiné perpendiculairement en dessus, ou paraissant assez faiblement arqué en arrière, quand il est vu d'avant en arrière; plus convexe en avant qu'en arrière; marqué d'une dépression dirigée d'une manière peu oblique ou presque transverse des angles de devant vers la ligne médiane qu'elle n'atteint pas; noir, parfois d'un brun rouge à son bord antérieur; revêtu d'écaillettes en partie brunes, en partie blanches ou d'un blanc cendré: celles-ci couvrant les bords latéraux et constituant une bande longitudinale de chaque côté de la ligne médiane; hérissées de soies courtes. *Écusson* noir, glabre, en triangle équilatéral. *Elytres* à peu près aussi larges en devant que le prothorax à sa base; de moitié environ plus longues que larges prises ensemble; subparallèles jusqu'aux deux cinquièmes de leur longueur, rétrécies ensuite en ligne courbe, à peine subsinuées près de l'extrémité, un peu obtuses à cette dernière; convexes; convexement déclives longitudinalement à partir du tiers de leur largeur; noires, parfois d'un rouge brun sur les côtés: chacune à dix stries médiocrement profondes et marquées de points plus légers qu'elles: la juxta-suturale sulciforme postérieurement: les deux juxta-marginales sur toute leur longueur: revêtues d'écaillettes en partie brunes et rousses, en partie blanches ou d'un blanc cendré: celles-ci couvrant l'extrémité des étuis et constituant sur chacun d'eux une sorte de demi-anneau basilaire et deux bandes onduleuses obliquement transversales, plus avancées sur la suture qu'au bord antérieur; hérissées de soies courtes, sérialement disposées, d'un blond livide, renflées vers leur extrémité. *Dessous du corps* et *pieds* ponctués; garnis de petites écaillettes blanchâtres: le premier, noir: les seconds, souvent d'un brun rouge. *Cuisses* et *tibias* ciliés de soies blanches.

Cette espèce se trouve dans l'Alsace et quelques autres parties orientales de la France. Elle parait moins rare en Allemagne.

Obs. Elle se distingue de la *setosa* par les deux stries justa-marginales plus profondes, par ses soies plus courtes; de la *setigera* par ses soies toujours toutes d'un blond livide ou blanchâtre, par les bandes de ses étuis; des *striato-punctata* et *spinosa*, par le dessus de son corps recouvert d'écaillettes; par son prothorax paraissant en ligne droite à la base, quand il est examiné perpendiculairement en dessus.

2. Syncalypta setigera; Illiger.

Ovale; convexe; noire, mais ordinairement recouverte en dessus d'écaillettes cendrées ou d'un cendré grisâtre; hérissé de soies d'un blond livide ou parfois obscures, souvent peu renflées vers l'extrémité, presque sérialement disposées sur les élytres. Prothorax légèrement en angle très-ouvert dirigé en arrière et tronqué au devant de l'écusson, à la base. quand il est vu perpendiculairement en dessus. Élytres striées : la juxta-suturale sulciforme sur sa seconde moitié : les deux marginales sur toute leur longueur : les autres à stries peu profondes et légèrement ponctuées.

Byrrhus setiger. Illig. Kaef. Preuss., p. 95, 10. — Sturm, Deutsch. Ins., t. II, p. 116, 22, pl. 35, fig. D — Gyllenh. Ins. suec., t. I p. 199, 6.

Syncalypta setigera. Steph. Illustr. Brit, Entom., t. III, p. 134, 4. — Steffahny, in Germar's Zeitsch, t. IV, p. 33, 1. — Id. Monog. Byrrh., p 33, 1. — Erichs. Naturg. d. Ins. Deutsch. t. III, p. 471, 3. — Bach, Kaefer Faun., p. 291. — L. Redtenb., Faun. Aust., 2e édit., p. 105. — Jacquelin du Val, Genera, t. II, pl. 63, fig 312.

Long. 0m,0028 à 0,0035 (1 1/4 à 1 8/3); — larg. 0m,0022 (1 l.)

Corps ovale, plus rétréci postérieurement; noir, garni en dessus d'écaillettes sublinéaires, cendrées ou d'un cendré grisâtre, qui le font paraître mélangé de noir et de cendré; hérissé de soies assez longues, renflées vers leur extrémité, en majeure partie noires. *Tête* pointillée, plus densement en arrière qu'en avant. *Antennes* prolongées jusqu'aux angles postérieurs du prothorax; noires ou d'un noir brun. *Prothorax* élargi d'avant en arrière, faiblement échancré en arc rentrant et sans rebord apparent, sur les côtés; sans rebord à la base; paraissant, à cette dernière, légèrement en angle très-ouvert, dirigé en arrière et légèrement sinué à la base de chaque côté de l'écusson, quand il est vu perpendiculairement en dessus, paraissant, en angle obtus très-ouvert, à côtes légérement arqués et sans sinuosités, quand il est examiné d'avant en arrière ; plus convexe en avant qu'en arrière ; marqué d'une dépression peu obliquement transverse, naissant près des angles de devant et dirigée vers la ligne médiane qu'elle n'atteint pas : cette sorte de sillon souvent peu apparente ; assez finement ponctué ; noir ; garni d'écaillettes cendrées, et hérissé de soies d'un blond livide. *Écusson* en triangle plus long que large ; noir, glabre. *Élytres* à peu près aussi larges en devant que le prothorax à sa base ; près de moitié plus longues que larges prises ensemble ; subparallèles jusqu'au quart ou un peu plus de leur longueur, rétrécies ensuite en ligne un peu courbe, à peine subsinuées près de l'extrémité, un peu obtuses à cette dernière ; noires ; convexes ; convexement déclives longitudinalement à partir du quart de leur longueur ; chacune à dix stries ; la juxta-suturale sulciforme sur sa seconde moitié ; les deux externes sur toutes leur longueur ; les autres peu profondes et marquées de points légers ; les 2e et 4e ordinairement encloses par les 1re et 5e, et les 6e, 7e et 8e par les 5e et 3e. *Intervalles* plans ; garnis d'écaillettes cendrées ou d'un cendré grisâtre ; hérissés de soies presque sérialement disposées ; celles de l'intervalle marginal dirigées en dehors. *Dessous du corps* noir ; densement ponctué ; garni de poils squammiformes, collés, peu rapprochés ; garni de quelques soies, principalement vers le bord postérieur des arceaux du ventre. *Pieds* noirs, parfois bruns, avec les tarses parfois moins obscurs ; cuisses et tarses ciliés de soies d'un blond livide.

Cette espèce paraît habiter la plupart des provinces de la France. On la trouve sur les herbes, surtout dans les lieux secs.

Obs. Elle se distingue des précédentes par son prothorax légèrement en angle très-ouvert dirigé en arrière et tronqué au devant de l'écusson, à sa base, au lieu d'être en ligne transversale droite, quand il est examiné perpendiculairement en dessus. Elle s'éloigne d'ailleurs de la *setosa* par ses élytres striées, au lieu d'être marquées de rangées striales de points, et par les deux stries externes sulciformes ; de la *paleata* par ses élytres sans bandes transverses, sans écaillettes rousses ; par leurs soies moins courtes, moins renflées vers l'extrémité, parfois obscures ; par leur surface moins convexe, offrant sur le quart au lieu du tiers leur point longitudinal plus élevé ; par leur strie juxta-marginale plus longuement sulciforme ; des *striato-punctata* et *spinosa* par le dessus de son corps recouvert d'écaillettes.

Les soies du dessus du corps sont parfois brunes sur le dos et peu renflées vers l'extrémité, au lieu d'être d'un blond livide.

3. Syncalypta striato-punctata ; STEFFAHNY.

Ovale, convexe ; noire ou d'un brun noir ; hérissée en dessus de soies peu rapprochées, d'un blond livide, à peine renflées vers leur extrémité, surtout sur les élytres. Écusson en ligne presque droite sur les côtés de la base, faiblement en angle dirigé en arrière près de l'écusson, quand il est examiné perpendiculairement en dessus. Élytres à stries, marquées de points plus profonds qu'elles et paraissant transverses : la juxta-suturale sulciforme dans sa seconde moitié. Corps peu fortement arqué longitudinalement.

Byrrhus striato-punctatus (*Dejean*). Catal. (1837), p. 145.
Syncalypta striato-punctata. STEFFAHNY, in GERMAR's. Zeitschs, t. IV, p. 34, 2. — id Tentam. Monog., Byrr., p. 34, 2.

Long. 0^m,0020 à 0^m,0025 (9/10 à 1 1/5.) — Larg. 0^m,0036 à 0^m,0039 (2/3 à 3/4.)

Corps ovale, convexe ; médiocrement arqué longitudinalement ; noir ou d'un noir brun de poix, un peu luisant ; parsemé en dessus de soies relevées, d'un blond livide, peu renflées vers leur extrémité. *Tête* ponctuée. *Antennes* brunes, avec le dernier article testacé. *Prothorax* élargi d'avant en arrière, faiblement échancré en arc rentrant sur ses côtés ; presque en ligne droite sur les côtés de sa base et à peine anguleux près de l'écusson, quand il est vu perpendiculairement en dessus ; en arc dirigé en arrière et légèrement tronqué au devant de l'écusson, quand il est vu d'avant en arrière ; convexe ; plus ou moins marqué d'une dépression oblique vers les angles antérieurs ; noir ou d'un noir brun, avec le bord antérieur et quelquefois les bords latéraux d'un brun rouge ou d'un rouge brun ; densement ponctué ; légèrement pubescent près des bords latéraux. *Ecusson* noir ; en triangle plus long que large. *Élytres* aussi larges au devant que le prothorax à sa base; subparallèles jusqu'au quart ou au tiers de leur longueur, rétrécies ensuite en ligne courbe jusqu'à l'angle sutural; de moitié environ plus longues que larges; médiocrement arquées longitudinalement sur le dos, offrant vers le tiers de leur longueur leur point le plus élevé; noir ou d'un noir brun un peu luisant, souvent légèrement pubescentes sur les côtés; parsemées de soies relevées, d'un blond livide, plus insensiblement renflées vers leur extrémité que celles de la tête; à dix stries marquées de points paraissant transverses, et plus profonds qu'elles; la 1re ou juxta-suturale sulciforme dans la seconde moitié. *Intervalles* presque plans; à peine ou peu distinctement marqués de points légers. *Dessous du corps* d'un noir brun, d'un brun de poix ou d'un brun rougeâtre, ponctué. *Pieds* noirs ou d'un brun noir; cuisses et tibias extérieurement ciliés de soies d'un blond livide.

Cette espèce se trouve dans les provinces méridionales de la France, en Espagne, en Algérie.

Obs. Elle se distingue des espèces précédentes par son corps moins fortement arqué longitudinalement sur le dos, moins convexe, dépourvu d'écaillettes, parsemé de soies relevées d'un blond livide peu sensiblement renflées sur leur extrémité sur les élytres; par ces dernières rayées de stries marquées de points plus profonds qu'elles et paraissant transverses. Elle s'éloigne de la *spinosa*, par sa taille moins petite, par son front dépourvu de sillons divergents, par son prothorax paraissant en ligne droite, à la base, ou du moins sur les côtés de celle-ci, quand l'insecte est examiné perpendiculairement en dessus.

4. **Syncalypta spinosa**; Rossi.

Ovale; noire, sans écaillettes; parsemée de soies courtes, relevées, d'un blanc livide, un peu renflées vers leur extrémité, front marqué de deux sillons divergents d'arrière en avant. Prothorax arqué en arrière à la base, quand il est vu perpendiculairement en dessus. Élytres à stries ponctuées, parfois réduites à des rangées striales de points. la juxta-suturale sulciforme dans sa moitié postérieure: la juxta-marginale sur toute sa longueur.

Byrrhus spinosus. Rossi, Faun. Etr. Mant., t. II, app. 81, 8. — Schoenh. Syn. Ins., t I, p. 113, 16.

Byrrhus arenarius. Sturm. Deutsch. Faun., t. II, p. 117, 23, pl. 35, fig. E. — Duftsch. Faun. Austr., t. III, p. 22, 26.

Syncalypta arenaria. Steph., Illustr., t. III, p. 133, 1.—Shuck, col. 29, 272, pl. 36, fig. 3 —Heer, Faun. Col. helv. 1, p. 444, 2. — Steffahny, in Germar's. Zeitsch. t. IV, p. 35, 3, — id. Monog. Byrrh., p. 35, 3. — Erichson, Naturg. Ins. Deutsch., t. III, p. 471, 4. — Bach, Kaefer Faun. p. 291. — L. Redtenbacher, Faun. Austr., 2e édit., p. 404.

Var. A. Stries des Elytres réduites à des rangées striales de points.

Byrrhus pusillus. Sturm. Deutsch. Faun., t. II, p. 110, 18, pl. 35, fig. B. — Duftsch. Faun. Austr., t. III, pl. 24, 29.

Syncalypta cretifera. Steph., Illustr., t. III, p. 133, 2 : — id. Man, p. 145, 1169.

Long. 0m,0009 à 0m,0014 (2/5 l. à 2/3 l.).

Corps ovale; convexe; noir; peu luisant ; sans écaillettes en dessus, mais parsemé de soies d'un blanc livide, courtes, un peu renflées vers leur extrémité. *Tête* marquée sur le front de deux sillons dirigés d'une manière divergeante vers sa partie antérieure. *Antennes* d'un brun rouge ou d'un rouge brun. *Prothorax* élargi d'avant en arrière, sensiblement en arc rentrant et à peine relevé en rebord sur les côtés; sans rebord et en arc dirigé en arrière, quand il est vu perpendiculairement en dessus, et plus fortement arqué en arrière quand il est vu d'avant en arrière ; plus convexe en avant qu'en arrière ; noir; finement et assez densement ponctué; garni de soies peu nombreuses d'un blanc livide. *Écusson* noir, en triangle plus long que large à la base. *Elytres* à peu près aussi large en devant que le prothorax à sa base; près de moitié plus longues que larges, prises ensemble; subparallèles jusqu'à la moitié de leur longueur, rétrécies ensuite jusqu'à l'extrémité, un peu obtuses à celle-ci ; convexes; convexement déclives longitudinalement à partir du quart de leur longueur ; noires, à stries ponctuées, parfois réduites à des rangées striales de points : la juxta-suturale sulciforme sur sa moitié ou sur son tiers postérieur : la juxta-marginale sur toute sa longueur. *Intervalles* presque plans ; superficiellement ponctuées ; garnis de soies presque sérialement disposées, peu rapprochées, courtes, un peu renflées vers leur extrémité; d'un blanc livide. *Dessous du corps* noir ou brun; parsemé d'écaillettes ou de poils squammiformes, collés, blancs; marqué de points ronds, sur les côtés du postpectus, presque imponctué sur le ventre: premier arceau de ce dernier deux fois et demie aussi long sur sa partie médiane que le second: le dernier marqué d'un trait enfoncé longitudinal, au moins dans l'un des sexes. *Pieds* noirs ou brun, avec les tarses souvent d'un brun rouge ou d'un rouge brun. *Cuisses* et *jambes* ciliées de soies blanches.

Cette espèce paraît habiter toutes les parties de la France. On la trouve principalement sur les bords des rivières, dans les lieux sablonneux ou limoneux. Son corps porte souvent la trace de la boue au sein de laquelle elle a vécu.

Obs. Elle se distingue de toutes les autres par sa petitesse, par les deux sillons divergeants dont sa tête est creusée, par la base de son prothorax plus sensiblement arqué en arrière quand l'insecte est examinée perpendiculairement en desus. Elle s'éloigne, d'ailleurs, des *setosa*, *paleata* et *setigera*, par le dessus de son corps non revêtu d'écaillettes, et de la *striato-punctata*, par ses élytres striées et marquées de points assez petits, arrondis au lieu d'être transverses et par sa strie juxta-marginale sulciforme.

Genre *Curimus*, Curime; Erichson.

Erichson, Naturg., d. Ins. Deutsch, t. III, p. 472.

Caractères. *Antennes* grossissant graduellement à partir du 5e ou du 6e article.

Labre très-apparent.

Épistome confondu avec le front ou peu distinctement séparé de celui-ci.

Mandibules et *partie inférieure de la bouche* cachées par la partie prosternale avancée en forme de cravate ou de mentonnière.

Antennes inserées à découvert; couchées sous les côtés de l'antépectus, dans l'état de repos; presque entièrement voilées par les pieds antérieurs dans l'état de repos ; de douze articles : les 1er et 2e subglobuleux : celui-ci un peu plus petit que le 1er : le 3e grêle, subparallèle, aussi long que les deux suivant réunis : les 4e à 6e assez étroits : les autres graduellement élargis.

Prothorax en arc dirigé en arrière à la base, et peu ou point sensiblement bissinué à celle-ci.

Repli des élytres laissant à découvert tout le postépisternum.

Mandibules cornées à deux ou trois dents à l'extrémité, sans dent molaire à la base.

Mâchoires à deux lobes.

Palpes maxillaires à dernier article subcylindrique, obtus.

Ces insectes paraissent habiter les parties montagneuses ou alpines; aucun d'eux ne semble jusqu'à ce jour avoir été trouvé en France. Nous pensons être agréable aux entomologistes en donnant, d'après les auteurs, la description des espèces d'Europe décrites jusqu'à présent.

A. Troisième article des tarses muni en dessous d'une sole membraneuse (s. g. *Curimus*).

Curimus decorus, STEFFAHNY. *Ovale ; noir ; hérissé de soies raides, noires et renflées vers leur extrémité, et tomenteux en dessus. Élytres striées, parées, sur les intervalles alternes, de bandes d'un noir velouté, interrompues par des traces flaves, et constituant trois bandes transversales arquées.*

Byrrhus decorus. STEFFAHNY, Monogr. Byrrh., p. 26, 21.

Long. 0m,0056 (2 l. 1/2). — Larg. 0m,0033 (1 l. 1/2).

Corps noir, couvert en dessus d'une bourre brune; hérissé de soies raides, noires, renflées vers leur extrémité, sérialement disposées. *Tête* noire; ponctuée; mélangée de jaune d'or et de brun. *Antennes* d'un ferrugineux roussâtre. *Prothorax* bissinué en devant, élargi d'avant en arrière, à angles de devant, avancés et infléchis; profondément échancré sur les côtés; à angles postérieurs, à peine prolongés en arrière; presque tronqué à la base; plus d'une fois plus large que long ; densement ponctué ; noir, revêtu d'une bourre d'un jaune doré obscur, paré d'une bande longitudinale et de taches latérales d'un noir velouté. *Écusson* triangulaire ; revêtu d'un duvet noir velouté. *Élytres* renflées dans leur milieu ; un peu plus longues que larges dans leur diamètre le plus grand ; striées ; revêtues d'une bourre brune épaisse ; parées chacune de trois bandes transversales arquées formées sur les intervalles alternes par des bandes d'un noir velouté interrompues par des taches flaves. *Dessous du corps* d'un brun de poix, un peu brillant, ponctué ; faiblement pubescent. *Pieds* d'un ferrugineux obscur. *Tarses* plus clairs.

Patrie : Le Bannat.

Obs. Cette espèce a beaucoup d'analogie avec la suivante ; mais elle est une fois moins petite.

Curimus lariensis, Villa. *Ovale, convexe ; noir ; garni en dessus d'un duvet d'un jaune verdâtre, constituant ordinairement quatre bandes longitudinales sur le prothorax, trois bandes transversales (la première raccourcie du côté externe) et une tache apicale, sur les élytres : celles-ci rayées de stries à peine ponctuées, et hérissées de soies renflées vers leur extrémité, d'un blond livide sur les côtés, noires sur le reste de la surface des étuis.*

Byrrhus lariensis. Villa, Col. Eur. dupl. 34, 15. — Heer, Faun. Col. helvet. I, p. 448, 9. — Steffahny, in Germar's, Zeitsch., t. IV, p. 27, 22 ; — id. Monog. Byrrh., p. 27. 22.

Curimus lariensis. Erichs. Naturg. d. Ins. Deutsch., t. III, p. 474, 2. — L. Redtenb., Faun. Austr., 2e édit., p. 404.

Long. 0m,0036 à 0m,0045 (1 l. 2/3 à 2 l.). — Larg. 0m,0026 à 0m,0030 (1 l. 1/5 à 1 l. 2/5).

Patrie : L'Italie, quelques cantons de la Suisse, la Styrie.

AA. Troisième article des tarses n'offrant pas en dessous une sole membraneuse bien apparente (s. g. *Norosus*).

Curimus insignis, Steffahny. *Subhémisphérique, noirâtre, parsemé en dessus de soies noires, raides et relevées ; tomenteux. Élytres* *striées; parées de trois bandes transversales flaves, écartées sur le dos, et s'unissant sur les côtés. Dessous du corps noir parsemé de soies noires plus courtes et plus épaisses, moins densement marqué de points grossiers.*

Byrrhus insignis. STEFFAHNY in GERMAR's Zeitsch, t. IV, p. 26, 20; — id. Monogr. Byrr.., p. 26. 20.

Long. 0^m,0056 (2 l. 1/2). — Larg. 0^m,0045 (2 l.).

Ovale, très-élargi vers la moitié de sa longueur, à peine plus long que large dans son diamètre transversal le plus grand, obtusément arrondi à ses extrémités; noirâtre; parsemé de soies relevées, noires, non renflées à leur extrémité; revêtu en dessus d'un bourre brune. *Tête* arrondie, médiocrement convexe; marquée de points grossiers. *Prothorax* profondément bissinué en devant; élargi d'avant en arrière; à angles de devant infléchis, profondément sinué sur les côtés; à angles postérieurs aigus, dirigés en arrière; bissinué à la base, près de trois fois aussi large à celle-ci que long sur son milieu; noir; ponctué. *Écusson* en triangle oblong. *Élytres* aussi larges en devant que le prothorax à sa base; trés-élargies avant la moitié de leur longueur; à peine plus longues que larges dans leur diamètre transversal le plus grand; obtusément arrondies à l'extrémité; striées; couvertes d'une bourre brune épaisse; parées sur le dos de trois bandes transversales, flaves, éloignées les unes des autres et se réunissant sur les côtés: ces bandes parfois obsolètes. *Intervalles* convexiuscules. *Dessous du corps* noir, luisant; marqué de points grossiers moins épais; plus densement parsemé de soies noires et plus courtes. *Pieds* couleur de poix obscure: tarses ferrugineux garnis en dessous d'une pubescence d'un flave doré.

Patrie: La Turquie.

Curimus erinaceus, DUFTSCHMIDT. *Ovale; noir; garni d'un duvet cendré. Élytres gibbeusemsnt convexes, plus larges avant la moitié de leur longeur; à stries profondément ponctuées; assez densement hérissées de soies noires, entremêlées de quelques autres d'un blond livide: les unes et les autres renflées vers leur extrémité. Intervalles alternes plus élevés,* *marqués de taches flaves constituant ordinairement deux bandes interrompues.*

Byrrhus erinaceus. DUFTSCHMIDT, Faun. Austr., t. III, p. 22, 24. — L. REDTENB., Faun. Austr., 2e édit., p. 404. — JACQUELIN DU VAL, Genera, t. II, pl. 63, fig. 313.
Byrrhus lariensis. STEFFAHNY, Monogr. Byrrh., p. 27, 22.
Curimus erinaceus. ERICHS, Naturg. d. Ins. Deutsch, t. III, p. 473, 1.

Long. 0m,0033 à 0m,0039 (1 l. 1/2 à 1 l. 3/4). — Larg. 0m,0022 à 0m,0028 (1 l. à 1 l. 1/4).

Patrie : La Suisse, le nord de l'Italie, l'Autriche, la Styrie.

Obs. Les soies sont parfois toutes noires. Les taches flaves des élytres constituent ordinairement, avec celles de l'autre étui, une sorte d'ovale transversal.

Curimus hispidus; ERICHSON. *Ovale; peu convexe; noir, garni d'une courte bourre noire, en dessus. Prothorax avec les côtés et deux bandes longitudinales sur le dos, le duvet jaune. Élytres élargies après les épaules; à stries égales, légères et faiblement ponctuées; parsemées de soies renflées vers leur extrémité, noires sur leur surface, d'un blond livide sur la rangée marginale; parées chacune de quelques taches basilaires, de deux bandes obliques sur le milieu et d'un trait vers l'extrémité, formés d'un duvet d'un jaune obscur. Intervalles uniformes, peu convexes.*

Curimus hispidus. ERICHSON, Naturg. d. Ins. Deutsch., t. III, p. 474, 3. — L. REDTENB., Faun. Austr., 2e édit., p. 404,

Long. 0m,0033 (1 l. 1/2).

Patrie : L'Autriche, la Styrie, la Carinthie.

Obs. Cette espèce que nous ne connaissons pas, est, suivant Erichson, d'une taille un peu plus faible que le *C. erinaceus*, plus courte, proportionnellement plus large après les épaules, plus rétrécie à ses deux extrémités, peu convexe sur les élytres.

DEUXIÈME BRANCHE

BYRRHAIRES.

Caractère. *Yeux* à moitié apparents.

Partie prosternale brusquement rétrécie vers la base du prosternum : celui-ci parallèle ou subparallèle ; au moins aussi long que la partie antépectorale.

Tibias intermédiaires plus ou moins arqués sur leur tranche externe, et offrant vers la moitié de leur longueur ou un peu après leur plus grande largeur.

Ils se partagent en deux rameaux.

		Rameaux.
Tarses	antérieurs au moins relevés dans le repos et reçus dans une dépression de la face interne des tibias.	*Byrrhates.*
	tous libres, c'est-à-dire non reçus dans le repos dans une dépression de la face interne des tibias.	*Simplocariates.*

PREMIER RAMEAU.

LES BYRRHATES.

Caractères. *Tarses* antérieurs au moins relevés dans le repos, et reçus dans une dépression de la face interne du tibia. *Tibias intermédiaires* plus ou moins arqués sur leur tranche et garnis de dents, d'épines ou de poils spinosules sur leur tranche externe.

Ces insectes se répartissent dans les genres suivants :

GENRES.

Tarses tous relevés dans l'état de repos et logés dans une dépression de la face interne du tibias. Antennes grossissant graduellement à partir du 4e ou du 5e article. Partie antérieure des flancs du postpectus et du premier arceau ventral creusés d'une dépression pour recevoir les pieds, dans l'état de contraction. Mandibules cachées ou peu apparentes dans le repos. — *Byrrhus.*

Tarses postérieurs au moins libres, c'est-à-dire non reçus dans une dépression de la face interne du tibia dans la contraction des pieds.

- Antennes assez brusquement plus grosses sur leurs cinq derniers articles. Partie antéro-latérale des flancs du postpectus et du premier arceau ventral non creusés d'une dépression pour recevoir les pieds dans leur contraction. Mandibules cachées ou peu apparentes dans le repos. — *Cytilus.*
- Antennes grossissant graduellement à partir du 4e ou du 5e article. Partie antéro-latérale des flancs du postpectus variablement creusée ou non d'une dépression, pour recevoir les pieds dans leur contraction. Mandibules apparentes dans l'état de repos — *Morychus.*

Genre *Byrrhus*, Byrrhe; Linné.

Linné, Systema Naturæ, 12e édit., t. I, p. 568.

Caractères. *Tarses* tous relevés dans l'état de repos et reçus dans une dépression de la face interne des tibias.

Antennes grossissant graduellement à partir du quatrième ou du cinquième article.

Base des postépisternums, partie antérieure des côtés du postpectus et côtés du premier arceau ventral creusés d'une dépression pour recevoir les cuisses, dans l'état de repos.

Tibias intermédiaires arqués et denticulés sur leur tranche externe, offrant leur plus grande largeur vers la moitié ou un peu plus de leur longeur.

Labre apparent.

Mandibules et parties inférieures de bouche ordinairement cachées par la partie prosternale, ou peu apparente dans l'état de repos.

Ajoutez : *Labre* transverse, arqué en devant; séparé par un sillon de l'épistome : celui-ci, confondu avec le front.

Mandibules ordinairement munies de plusieurs dents à l'extrémité, et pourvues d'une molaire à la base.

Mâchoires à deux lobes coriaces, poilus.

Palpes maxillaires à dernier article le plus grand souvent en ovale obtus.

Antennes de onze articles : le premier, gros, en parallélogramme, plus long que large ou subglobuleux ; le deuxième, subglobuleux, moins gros que celui-ci; le troisième, grêle, subcylindrique, à peu près aussi long que les deux suivants réunis; les quatrième et cinquième, obconiques; les sixième à onzième, subcomprimés, grossissant graduellement; les septième à dixième, transverses ou cupiformes; le onzième, de moitié plus long que le précédent, subarrondi ou en ogive tronquée à l'extrémité.

Prothorax muni latéralement d'un rebord très-étroit, ordinairement non prolongé jusqu'aux angles postérieurs; sans rebord et en angle très-ouvert dirigé en arrière à la base et plus ou moins sensiblement échancré en arc de chaque côté de la partie antiscutellaire de celle-ci,

Élytres arquées longitudinalement, convexement déclives à la partie postérieure; rayées d'une strie juxta-suturale et seulement de quelques autres près du bord externe, chez les premières espèces; marquées de onze stries plus ou moins apparentes chez les dernières; ordinairemene creusées d'une *fossette subapicale* ou d'une *dépression subpostéro-latérale*t c'est-à-dire située de la troisième à la septième strie, à partir du bord externe, vers les trois quarts ou environ de leur longueur : cette dépression parfois peu marquée.

Les Byrrhes se tiennent en général sous les pierres, parmi les mousses ou sous les herbes entassées, et se nourrissent principalement de matières végétales; cependant ils paraissent contribuer parfois à la disparition des derniers restes des animaux supérieurs. Plusieurs sont privés d'ailes, et ceux qui sont pourvus de ces organes semblent moins disposés à en faire usage que les espèces des genres suivants. Les premiers surtout ont une existence principalement nocturne.

Ces insectes sont d'une taille généralement moins petite que les autres piluliformes. Ils ont la démarche peu active, la timidité extrême, et, au moindre danger, ils cherchent leur salut en rapprochant leurs pattes de leur corps et contrefaisant l'état de mort. Leur robe est habituellement d'une couleur obscure; mais elle est parée d'un duvet de nuances variées, dont les dessins prêtent à leur cuirasse un certain agrément.

Les tableaux suivants serviront à faire reconnaître entre elles les espèces de notre pays.

A *Repli des élytres* aussi large ou à peu près aussi large que le postépisternum, vers la base de celui-ci. *Prosternum* ordinairement plus large que long. *Ailes* nulles ou incomplétement développées. *Labre* grossièrement ponctué. (s. g. *Seminolus*).

B Elytres rayées chacune d'une strie justa-suturale, et, à partir du bord extrême, de deux à quatre stries droites ou presque droites, suivies de quelques autres flexueuses et tortueuses, constituant, sur leurs deux tiers antérieurs, des aréoles inégales et irrégulières.

c. Elytres non parées de bandes longitudinales ou de taches de duvet d'un noir velouté.

d. Elytres non parées de bandes transversales de duvet cendré; souvent épilées. Prothorax pointillé et parsemé de points noirs petits. *Pyrenæus*.

cc. Elytres ornées de bandes longitudinales ou de taches d'un duvet brun ou noir velouté. Prothorax non parsemé (du moins sur le disque) de points moins petits, sur un fond pointillé.

e. Elytres parées, dans leur état frais, d'une ou de deux bandes transversales de duvet, unies à leur extrémité sur le 5e intervalle externe.

f. Seconde bande transversale des élytres, ou bord postérieur de la bande unique, constituant un arc commun dirigé en arrière.

g. 3e intervalle externe des élytres, subconvexe postérieurement vers la dépression subpostéro-latérale, ou paré, dans ce point, d'une tache de duvet brun ou noir velouté. Bandes transverses des élytres formées d'un duvet cendré.

h. Elytres à 3e intervalle externe subconvexe postérieurement; à 4e intervalle externe généralement au moins aussi large, vers le tiers de sa longeur, que le 5e; offrant les quatre stries externes assez fortement ponctuées. *Sorreziacus.*

hh. Elytres à 3e intervalle externe subaplani vers la dépression subpostéro-latérale, orné, vers ce point, d'une tache de duvet brun ou noir velouté; à 4e intervalle sensiblement plus étroit que le 5e; offrant les quatre stries externes assez faibles et légèrement ponctuées. *Signatus.*

gg. 3e intervalle externe aplani, non paré d'une tache de duvet noir velouté vers la dépression subpostéro-latérale. Elytres garnies d'un duvet cendré flavescent; à bandes transverses d'un duvet de même couleur, souvent peu distinctes; à lignes flexueuses ou tortueuses légères. *Auromicans.*

ff. Seconde bande transverse des élytres, ou bord postérieur de la bande unique, arqué en avant, du 4e intervalle, d'une élytre à l'intervalle correspondant. 5e intervalle externe ventru vis-à-vis la dilatation externe. *Kiesenwetteri.*

BB. Elytres rayées chacune sur leur moitié antérieure de dix ou onze stries, en majeure partie droites. Elytres parées, de deux bandes transverses de duvet cendré et ornées de bandes longitudinales ou de taches d'un duvet noir velouté

i. Bande antérieure de duvet cendré des élytres, en ligne transverse, du 8e intervalle interne au 5e et arquée en arrière du 6e à la suture, sur chaque élytre : la 2e constituant un arc commun dirigé en arrière, mais transverse ou un peu arqué en devant, du 4e intervalle d'une élytre au 4e intervalle de l'autre étui. *Similaris.*

ii. Bandes transverses de duvet cendré des élytres constituant chacune, à partir du 8e intervalle externe, c'est-à-dire de leurs extrémités, un arc commun dirigé en arrière. *Ornatus.*

(Sous-Genre *Seminolus.*)

1. **Byrrhus Pyrennæus**; L. Dufour.

Ovale-oblong; convexe; noir; garni, en dessus, dans l'état frais, d'un duvet fauve cendré, presque toujours épilé. Prothorax pointillé et parsemé de points moins petits. Élytres marquées d'une strie juxta-suturale absolète en devant; offrant, à partir du bord externe, deux à quatre stries ponctuées, les deux externes réduites ordinairement à des points en devant; les troisième et quatrième sinueuses ou interrompues après leur moitié: offrant à la base quelques autres stries; plus ou moins striées postérieurement; garnies sur le reste de leur surface de lignes tortueuses légèrement ponctuées, constituant des aréoles irrégulières, inégales, ordinairement gauffrées. Intervalles troisième, cinquième et septième, à partir du bord externe, relevés en devant.

♂ Ongles des pieds antérieurs robustes, courbés presque à angle droit à partir de leurs deux cinquièmes basilaires. Ventre marqué d'une dépression transverse, sur son dernier arceau.

♀ Ongles des pieds antérieurs plus grêles, régulièrement arqués. Ventre sans dépression transverse.

Byrrhus pyrennæus. L. Dufour, Ann. des Sc. nat., 2e série, t. I (1834), p. 60 (suivant le type donné par feu L. Dufour à M. Perris). — Dejean, Catal. (1833), p. 130. — Id. (1837), p. 145. — Suffrian, Stettin, Entomol. Zeit, t. IX (1848), p. 98.

Byrrhus lobatus. Kiesenwetter, Ann. de la Soc. Entom. de Fr. (1851), p. 580 (♂)

Byrrhus Suffriani. Kiesenwetter, Ann. de la Soc. Entom. de Fr. (1851), p. 580 (♀).

Long., 0,0100 à 0,0123 (4 l. 1/2 à 5 l. 1/2); — larg., 0,0072 à 0,0078 (3 l. 1/4 à 3 l. 1/2).

Corps ovalaire ou ovale oblong; convexe; noir. *Tête* finement ponctuée; marquée sur le front d'une ligne tranversale, parfois réduite à deux points; offrant ordinairement sur le vertex les traces d'une ligne longitudinale; généralement glabre ou à peine pubescente. *Antennes* noires ou brunes; à dernier article subarrondi à l'extrémité. *Prothorax* ordinairement peu arqué en devant sur les deux tiers médiaires de son bord antérieur, quand l'insecte est vu perpendiculairement en-dessus; un peu épaissi aux angles postérieurs, bissinué à la base, avec les angles postérieurs sensiblement dirigés en arrière; plus d'une fois plus large à la base que long sur sa ligne médiane; noir; ordinairement épilé; finement ponctué sur les côtes; pointillé et parsemé de points moins petits sur le reste de sa surface; généralement sans trace de ligne médiane. *Ecusson* en triangle à cotés curvilignes; noir, ordinairement glabre ou épilé. *Elytres* à peine ou à peu près aussi larges en devant que le prothorax à sa base; trois fois aussi longues que lui sur la ligne médiane; en ogive postérieurement; d'un cinquième moins larges, prises ensembles, dans leur diamètre tranversal le plus grand que longues depuis l'angle huméral jusqu'à l'extrémité; convexes; notées d'une strie juxta-suturale ordinairement nulle ou superficielle en devant; marquées, à partir du bord externe de deux à quatre stries plus ou moins visiblement ponctuées; les deux externes entières, droites et ordinairement réduites à des points à leur partie antérieure; les 3e, 4e, sinueuses, peu régulières, souvent interrompues après la moitié de leur longueur; celles-ci suivies, de dehors en dedans, de deux ou trois autres, réduites à leur partie basilaire; marquées vers leur extrémité de stries plus ou moins distinctes et ordinairement ponctuées; offrant sur le reste de leur surface des lignes tortueuses, légèrement ponctuées, constituant des aréoles inégales, irrégulières, le plus souvent gauffrées; à 3e intervalle externe large, en toit obtus presque depuis sa partie antérieure jusqu'au niveau de l'extrémité de la poitrine; les 5e et 7e intervalles à partir du bord externe ordinairement plus ou moins saillants sur leur partie antérieure; noires; garnies dans l'état frais d'un duvet fauve cendré, parfois mi-doré; mais presque toujours complétement épilées ou n'offrant des traces de duvet que sur les lignes tortueuses ou sur les stries; sans bandes longitudinales de duvet d'un noir velouté, sans bandes transverses de duvet cendré. *Repli* au moins aussi large que le postépisternum vers la base de celui-ci. *Ailes* non développées. *Prosternum* plus large que long. *Portépisternum* de moitié environ aussi large à son extrémité qu'à sa base. *Dessous du corps* noir; glabre; pointillé sur le ventre, ponctué sur la poitrine. *Pieds*, cuisses et tibias, noirs; *tarses* d'un brun rouge; 3e article de ceux-ci muni en dessous d'une sole membraneuse.

Cette espèce habite les parties élevées de diverses localités des Hautes-Pyrénées et des Pyrénées-Orientales.

Obs. La *B. pyrennæus* se distingue de toutes les autres espèces de notre première division par son prothorax pointillé (mais moins finement sur les côtés) et parsemé de points moins petits.

Dans l'état le plus développé, les aréoles formées par les lignes tortueuses sont saillantes ou gauffrées ; les 3e, 5e et 7e intervalles, à partir du bord externe, sont sensiblement relevés ou en toit à leur partie antérieure ; les stries et lignes tortueuses sont marquées de points dépassant un peu leur diamètre linéaire. Mais dans des circonstances moins favorables de développement, les aréoles se montrent aplanies ; les 5e et 7e intervalles externes n'ont plus de saillie ; les stries et lignes tortueuses ne montrent plus ou montrent à peine des traces de points, et les deux stries externes sont souvent entières jusqu'à leur partie antérieure, au lieu d'être réduites à des rangées de points.

A ces variations extrêmes se rapporte le *B. bigorrensis*, que M. de Kiesenwetter considérait, avec raison, comme une espèce douteuse, car on trouve toutes les transitions entre les individus à élytres offrant les aréoles gauffrées et ceux chez lesquelles elles sont planes.

Le *B. Bigorrensis* pourrait être caractérisé de la manière suivante :

Ovale-oblong ; convexe ; noir ; garni en dessus, dans l'état frais, d'un duvet fauve cendré, presque toujours épilé, prothorax pointillé et parsemé de points moins petits. Elytres relevées à l'angle huméral ; marquées d'une strie juxta-saturale, obsolète en devant ; offrant, à partir du bord externe, deux à quatre stries peu ou non ponctuées ; les deux externes ordinairement entières en devant ; offrant à la base quelques autres stries ; plus ou moins striées vers l'extrémité ; marquées sur le reste de leur surface de lignes tortueuses constituant des aréoles irrégulières, inégales, aplanies ou subaplanies ; 3e intervalle externe saillant en devant.

Byrrhus bigorrensis, KIESENWETTER, Ann. de la Soc. Entom. de Fr., 2e série, t. IX (1851), p. 581.

Long., 0,0100 à 0,0106 (4 l. 1/2 à 4 l. 3/4) ; — larg., 0,0067 à 0,0072 (3 l. à 3 l. 1/4).

On le trouve dans diverses localités des Pyrénées.

Byrrhes gigas; FABRICIUS *Ovale-oblong; très-convexe. Tête et prothorax noirs, brièvement pubescents. Elytres marquées d'une strie juxta-sutu-*

rale, et, à partir du bord externe de deux ou trois stries droites et ponctuées ; rugueuses et marquées sur le reste de leur surface de lignes finement ponctuées, sinueuses ou tortueuses, constituant des aréoles inégales; irrégulières et un peu saillantes ; garnies, dans l'état frais, d'un duvet fauve grisâtre très-court; parées d'une bande transverse commune, de duvet cendré naissant au cinquième de la longueur du cinquième intervalle externe (après une tache un peu saillante d'un brun velouté), bissinuée en devant, obtusément arquée en arrière à son bord postérieur et bordée de noir à celui-ci; noires ou brunes, ordinairement d'un rouge de cuir sous la bande; celle-ci parfois réduite à une tache arquée en arrière sur chaque élytre, ou indistincte.

♂ Ongles des pieds antérieurs robustes, en forme de croc ou courbés à peu près à angle droit à partir des deux cinquièmes de leur longueur. Ventre déprimé transversalement sur son dernier arceau.

♀ Ongles des pieds antérieurs plus grèles, régulièrement arqués. Ventre sans dépression sur son dernier arceau.

Byrrhus gigas. DUFTSCH. Faun. austr., t. III, p. 7. 1. — STEFFAHNY, GERMAR., Zeitsch., t. IV, p. 8. 1. — Id. Monog. Byrrh., p. 8. 1. — ERICHS. Naturg. d. Ins. Deutsch., t. III., p. 476. 1. — L. REDTENB., Faun. austr., 2e édit., p. 405. — JACQUELIN DU VAL, Genera., t. II, pl. 63, fig. 314.

OBS. Dans l'état normal, les élytres sont parées d'une large bande transverse et commune de duvet cendré ; cette bande naissant au cinquième de la largeur du 5e intervalle externe (après une légère saillie dudit 5e intervalle, recouverte d'un duvet velouté brun ou brun rouge), sinuée à son bord antérieur sur la moitié interne de la largeur de chaque élytre croisant la suture, à ce bord antérieur, aux deux septièmes de la longneur de celle-ci, formant à son bord postérieur un arc commun et obtus dirigé en arrière, croisant la suture aux trois cinquièmes de la longueur de celle-ci ; bordée de noir postérieurement.

OBS. Quant le duvet cendré constituant cette bande a été épilé, elle est le plus souvent encore représentée par une couleur d'un rouge de cuir servant à indiquer son étendue.

VAR. *A*. Bande de duvet cendré réduite à un arc commun et dirigé en arrière, croisant la suture vers les trois cinquièmes ou un peu plus de celle-ci, et postérieurement bordé de noir.

Var. *B*. Bande de duvet cendré réduite, sur chaque élytre, à une tache arquée en arrière et souvent bordée de noir.

Var. *C*. Élytre sans trace de bande cendrée.

Obs. Les élytres sont souvent alors d'un rouge brun au moins en partie.

Byrrhus gigas. Fabricius, Mant. Inst., t. I, p. 38. 1. — Id. Syst. Eleuth., t. 1, p. 102 1. — Panz., Ent. Germ., p. 31. 1. — Schoenh., Syn. Ins., t. I, p. 110. 1. — Sturm, Deutsch. Faun., t. II. p. 91. 1.

Long., 0,0123 à 0,0135 (5 l. 1/2 à 6 l.). — Larg., 0,0072 à 0,0078 (3 l. 1/4 à 3 l. 12).

Tête finement ponctuée; brièvement pubescente; rayée d'une ligne transverse sur le milieu du front. *Prothorax* arqué en devant quand il est vu perpendiculairement en dessus; parfois faiblement épaissi à ses angles postérieurs; uniformement pointillé ou finement ponctué; garni, dans l'état frais, d'un duvet court, grisâtre ou légèrement mi-doré. *Elytres* moins larges dans leur diamètre transversal, le plus grand que larges depuis l'angle huméral jusqu'à l'extrémité; subarrondies et relevées à l'angle huméral; rayées d'une strie juxta-saturale affaiblie en devant; marquées à partir du bord externe de deux ou trois stries droites, tantôt assez finement, tantôt assez fortement ponctuées; les deux externes souvent seules régulières et non interrompues dans leur milieu; ces deux stries suivies d'un intervalle élargi, un peu saillant sur son tiers antérieur; les 3e et 4e stries rarement entières surtout la 4e; la 5e, quand elle existe, irrégulière ou interrompue; tantôt ruguleuses ou ruguleuses sur leur tiers postérieur; tantôt offrant les traces de quelques stries; non saillantes sur l'intervalle juxta-sutural; creusées chacune d'une fossette subapicale, et d'une dépression moins prononcée. *Repli* plus large que le postépisternum, vers la base de celui-ci. *Prosternum* plus large que long. *Ailes* nulles. *Dessous du corps* variant du noir au rouge brun. *Pieds* offrant les mêmes variations de couleurs: 3e articles des tarses muni en dessous d'une sole membraneuse peu allongée.

Patrie: L'Autriche, la Carniole, etc.

Obs. Les élytres, comme nous l'avons dit, sont ordinairement d'un rouge de teinte variable sous la bande transverse arquée. Quand la matière colorante a fait défaut elles sont d'un rouge brun ou d'un rouge de cuir sur d'autres parties ou presque entièrement.

Byrrhus scabripennis; Steffahny. *Ovale-oblong, très-convexe; tête et prothorax noirs, garnis d'un duvet grisâtre ou mi-doré; le prothorax à peine deux fois aussi large à la base que long sur son milieu. Elytres marquées à partir du bord externe de deux ou trois stries régulières ou non interrompues; les deux externes suivies d'un intervalle élargi, non saillant vers son tiers antérieur; marquées sur les deux tiers antérieurs de leur surface de lignes ponctuées ou rangées de points tortueux; variant du noir au rouge brun ou brunâtre; garnies d'un duvet grisâtre, parsemées de taches d'un brun ou noir velouté, dont deux sur le tiers antérieur du 5e intervalle externe, entrecoupées par une tache de duvet cendré; souvent parées, vers les trois cinquièmes de leur longueur, d'une bande transverse commune de duvet cendré ou mi-doré, étendu, après la suture, jusqu'à la moitié de chaque étui; à peine creusées d'une fossette au devant de l'angle sutural: 3e article des tarses muni d'une sole.*

♂ Ongles des pieds antérieurs robustes, courbés à angle droit.

♀ Ongles des pieds antérieurs régulièrement arqués.

Byrrhus alpinus. Dejean, Catal. (1821), p. 48. — Id. (1837), p. 145.
Byrrhus scabripennis. Steffahny, in Germar's Zeitschr., t. IV, p. 8. 2. — Id. Monog. Byrrh., p. 8. 2. — Erichs. Naturg, d. Ins. Deutsch. t. III, p. 476. 3. — L. Redtenb. Faun. austr., 2e édit., p. 405.

Long., 0,0105 à 0,0117 (4 l. 1/4 à 4 l. 3/4). — Larg., 0,0061 à 0.0070 (2 l. 3/4 à 3 l. 1/8)

Patrie : Les Alpes de la Styrie et du Tyrol.

Obs. Le *B. scabripennis* a de l'analogie avec les *B. gigas*; mais il en diffère par sa taille moins avantageuse; par son corps ordinairement plus étroit; par son prothorax moins court sur sa ligne médiane, à angles postérieurs un peu plus prolongés en arrière; par ses élytres à peine creusées d'une fossette au devant de l'angle sutural, ordinaire ment moins insensiblement déprimées vers les trois quarts de leur longueur et le tiers externe de leur largeur, marquées de lignes ponc tées tortueuses, souvent réduites à des rangées tortueuses de points, cir conscrivant des cercles plus petits et moins gauffrés, parées, dans l'éta frais, d'une bande transversale de duvet cendré qui semble être la parti obtuse et incomplète d'un arc commun dirigé en arrière, dont chacun des extrémités antérieures est représentée, sur le 5e intervalle externe par une tache de duvet cendré, précédée et suivie par une tache d duvet noir velouté, et parsemées de diverses taches de duvet velout noir ou brun; par leur intervalle juxta-sutural souvent saillant sur s seconde moitié.

Cette espèce a le front rayé d'une ligne transverse plus ou moins dis tincte, terminée par un point à chacune de ses extrémités ; le protho rax arqué en devant sur les deux tiers médiaires de son bord antérieur montrant parfois les traces incomplètes d'une ligne médiane ; le élytres offrant ordinairement un peu avant la moitié de leu longeur leur plus grande largeur, moins larges dans le point pris ensembles, que longues depuis l'angle huméral jusqu'à l'extrémit rayées d'une strie juxta-suturale, affaiblie ou peu distincte en devant offrant l'intervalle juxta-sutural souvent saillant ou relevé sur sa se conde moitié; marquées, près du bord externe, de deux stries ponc tuées, suivies d'un intervalle plus large et non saillant; rugueuses o ruguleuses sur les deux tiers antérieurs, par l'effet des aréoles petite et nombreuses formées par les lignes ponctuées ou rangées de point tortueux; variablement ruguleuses ou substriées sur leur tiers pos térieur; le repli habituellement plus large à sa base que le postépis ternum à la sienne: ce dernier généralement à peine aussi large à son extrémité qu'à sa partie antérieure; le prosternum plus large que long le dessous du corps et les pieds noirs, bruns ou d'un brun rougeâtre avec les tarses plus clairs; le 3e article des tarses muni d'un sol membraneuse en dessous.

Le corps varie dans sa forme; ordinairement il est ovale-oblong subparallèle sur la moitié antérieure environ de ses élytres; d'autre fois, il est plus raccourci, plus ovale, plus convexe. Erichson supposa que ces derniers individus étaient des femelles, les différences de sexe n'ont point de rapport avec ces modifications, le caractère distinctif des ♂, consiste dans les ongles des pieds antérieurs, toujours plus robustes en forme de croc ou presque de hameçon, et dans le dernier arceau du ventre plus ou moins sensiblement déprimé transversalement.

Près du *B. scabripennis* paraît devoir se placer l'espèce suivante, décrite par Erichson, et qui nous est inconnue.

Voici la description donnée par l'auteur allemand :

B. inæqualis; Erichson. *ovalis, convexus, niger, subtiliter fulvo-pubescens, prothorace subtilissime punctulato, elytris fuscis, inaequaliter rugosis*.

Long. 0,008 (à peine 4 l.)

Le *B. inaequalis* est très-voisin du *B. scabripennis*, mais plus petit: il est à peine plus gros que le *B. pilula*, il a les antennes assez grêles, d'un brun rouge; la tête noire, couverte d'un duvet jaune grisâtre, clairsemé; ruguleusement et très-finement ponctuée, avec le labre fortement ponctué; rayée sur le front d'une ligne transverse assez légère; marquée au-dessus de celle-ci de deux taches d'un jaune foncé. *Prothorax* à peine de moitié aussi long sur sa ligne médiane que large à son bord postérieur, retréci antérieurement et légèrement échancré sur les côtés; bissinué à la base; assez faiblement convexe; marqué de points très-fins et assez serrés; d'un noir métallique brillant; inégalement garni d'un duvet couché et d'un jaune d'or. *Ecusson* revêtu de poils noirs serrés. *Elytres* brunes, garnies de duvet d'un brun doré, très-fin, constituant des touffes plus serrées; très-finement et ruguleusement ponctuées; notées de lignes et de rangées irrégulières de points, constituant des espèces d'aréoles gauffrées; chargées de deux saillies : l'une commençant au côté interne de l'épaule et obliquement dirigée vers la moitié de la suture; l'autre naissant au-dessous de l'épaule dans la même direction, mais plus sinueuse, atteignant la suture après la moitié de la longueur de celle-ci; rayées près du bord externe de deux stries presque entières, avec le bord externe et l'extrémité un peu aplatis; un peu déprimée sur la partie antérieure du dos. *Dessus du corps* noir, parfois d'un rouge brun ou brunâtre, quand le pigmentum n'a pas eu le temps de se développer. *Pieds* noirs. *Tarses* garnis sous le 3e article d'une sole membraneuse très-courte, et souvent difficile à distinguer parmi le duvet qui garnit le dessous des quatre premiers articles.

Patrie : Le Tyrol.

Obs. Le *B. inaequalis* se distingue du *B. gigas*, auquel il ressemble, par la forme et la ponctuation du prothorax, par une taille très-sensiblement moindre, et par ses élytres fortement gauffrés et moins convexes, et par l'extrémité déprimée de celle-ci.

Il se distingue du *B. scabripennis* par une forme plus courte, par son prothorax plus court et moins densement ponctué, et surtout par ses élytres dont la surface est rendue inégale par des espèces d'aréoles sensiblement gauffrées.

Il se distingue du *B. signatus*, par son prothorax plus court, ainsi que par des élytres à surface inégale; la sole membraneuse du 3e article des tarses est plus courte que chez ces diverses espèces.

2. Byrrhus sorreziacus; Fairmaire.

Ovale-oblong; convexe; noir. Prothorax pointillé; pubescent. Élytres marquées d'une strie juxta-suturale affaiblie en devant; offrant à partir du bord externe quatre stries : les 3e et 4e droites et non interrompues sur leurs deux tiers antérieurs; offrant à la base les traces de quelques autres stries; plus ou moins striées postérieurement; garnies sur le reste de leur surface des lignes tortueuses constituant des aréoles irrégulières et inégales, souvent gauffrées; garnies de duvet cendré grisâtre; parées d'une bande longitudinale de duvet noir velouté, sur les deux cinquièmes antérieurs du 5e intervalle externe; ornées de deux bandes transverses de duvet cendré argenté; unies à leurs extrémités, sur la bande veloutée noire: l'antérieure arquée en arrière sur chaque étui: la postérieure, constituant un arc dirigé en arrière. 3e intervalle externe des élytres subconvexe postérieurement.

♂ Ongles des pieds antérieurs robustes comprimés, de hauteur presque égale et presque en ligne droite sur les deux tiers basilaires de leur tranche supérieure, courbés à l'extrémité.

♀ Ongles des pieds antérieurs assez faibles, régulièrement arqués et graduellement rétrécis de la base à l'extrémité.

Byrrhus sorreziacus. FAIRMAIRE, Ann. de la Soc. Entom. de Fr. (1860), p. 338.

ÉTAT NORMAL. — *Prothorax* noir; très-brièvemnt pubescent sur les côtés; garni sur la partie dorsale d'un réseau de duvet d'un cendré fauve ou flave fauve mi-doré, couvrant la moitié médiaire du bord antérieur, constituant deux aréoles obscures sur la ligne médiane : l'antérieure, presque en triangle allongé; la postérieure en parallélogramme plus long que large, offrant sur la seconde moitié de sa longueur, de chaque côté de la bordure juxta-médiane, deux ou trois aréoles obscures, peu distinctement limitées.

Elytres noires; marquées, à partir du bord externe de quatre stries, droites ou à peu près, tantôt imponctuées ou presque imponctuées; tantôt (surtout les deux externes), marquées de points apparents : ces dernières souvent réduites en devant à des rangées de points : ces quatre stries externes souvent suivies de dehors en dedans de quelques autres stries ou traces de stries réduites à leur partie basilaire; marquées, vers leur extrémité, de stries ou de rangées de points; rayées chacune d'une strie juxturale souvent affaiblie ou obsolète en devant, marquées sur le reste de leur surface de lignes tortueuses, finement ou à peine ponctuées, constituant des aréoles inégales, irrégulières, souvent légèrement gauffrées ; à 3e intervalle, à partir du bord externe, le plus large sur son tiers antérieur, peu ou non relevé en toit, à la base; le 4e intervalle externe, ordinairement au moins aussi large ou plus large vers le quart de sa longueur que le 5e : celui-ci souvent peu nettement limité du côté interne; pubescentes, revêtues d'un duvet cendré grisâtre, soyeux, plus ou moins interrompu sur les lignes tortueuses et rendant, par là, les aréoles plus distinctes et plus sensiblement gauffrées; souvent d'un roux fauve, d'un roux brun, brunes ou noires sur quelques unes de ces aréoles; parées sur le cinquième intervalle à partir du bord externe, du huitième aux deux cinquièmes de sa longueur, d'une bande longitudinale de duvet d'un noir velouté; ornées vers la base de chacun des 7e et 5e intervalles externes (ou 4e et 6e à partir de la suture), d'une tache de velours noir, plus longue que large; parées enfin de deux bandes transverses de duvet cendré mi-argenté, unies à leur extrémité vers le quart ou les deux septièmes antérieurs du 5e intervalle externe, dont elles divisent ordinairement la bande d'un noir velouté : la bande antérieure un peu plus avancée vers la base, sur le 6e intervalle interne que sur le 8e, arquée en arrière sur chaque élytre, depuis le 6e intervalle (ou 7e externe) jusqu'à la suture; offrant vers le quart interne de la largeur de chacune son point le plus prolongé en arrière, et remontant vers le tiers antérieur, ou à peu près de la suture; la bande postérieure, constituant un arc commun dirigé en arrière, croisant la suture des trois cinquièmes aux deux tiers de la longueur de celle-ci.

Variations du prothorax.

Obs. Le prothorax est le plus souvent en partie dépouillé de son duvet; quelquefois, il reste encore des traces des deux aréoles situées sur la ligne médiane; souvent la postérieure seule offre encore des marques; d'autrefois le prothorax est presque entièrement épilé.

Variations des élytres.

Var. A. Bandes transverses d'un duvet cendré mi-argenté, réunies en une seule.

Byrrhus sorreziacus. FAIRMAIRE, Ann. de la Soc. Ent. de Fr., 3e série, t. VIII (1860), p. 338.

D'après la diagnose trop abrégée donnée par M. Fairmaire les deux bandes sembleraient parfois réunies pour n'en constituer qu'une seule.

Nous n'avons pas eu l'occasion d'avoir sous les yeux une semblable variation.

Etat normal.

Obs. Quand l'insecte n'est plus dans son état frais ou se trouve plus ou moins défloré, il s'éloigne plus ou moins de l'état normal que nous avons décrit. Ainsi,

Var. ε. Les élytres ne montrent plus que l'une des deux bandes transverses décrites.

Var. γ. Les élytres n'offrent plus de traces des deux bandes transverses.

Var. δ. Les deux taches d'un duvet noir velouté, situées vers la partie de la base de chaque élytre, correspondant aux 4e et 6e intervalles à partir de la souture, sont nulles.

Var. ε. La bande de duvet d'un noir velouté, située sur le 5e intervalle à partir du bord externe, est également nulle ou peu marquée.

Var. ζ. Aréoles des élytres en partie recouvertes d'un duvet testacé, roussâtre, d'un roux fauve ou brunâtre, brun ou noir.

Var. η. Aréoles des élytres uniformement revêtues d'un duvet cendré grisâtre.

Var. θ. Duvet des élytres plus ou moins épilé.

Long. 0m,0105 à 0m,0112 (4 l. 3/4 à 6 l.). — Larg. 0m,0067 à 0m,0070 (3 l. à 3 l. 1/8).

Corps. Ovale-oblong; convexe; noir; *tête* finement ponctuée; garnie d'une pubescence très-courte et souvent peu apparente; marquée sur le front d'une ligne transverse: ordinairement notée sur le vertex d'une très-courte ligne longitudinale. *Antennes* noires ou d'un brun noir, à dernier article terminé en ogive presque égal aux deux précédents. *Prothorax* obtusément arqué en devant, quand l'insecte est vu perpendiculairement en dessus; souvent renflé à ses angles postérieurs; sans rebord et bissinué à la base, avec les angles postérieurs aussi prolongés en arrière que la partie médiane de celle-ci; une fois au moins plus large à la base que long sur sa ligne médiane; pointillé superficiellement sur sa partie dorsale, moins finement sur les côtés; quelquefois parsemé sur ceux-ci de points moins petits: revêtu de duvet comme il a été dit. *Ecusson* en triangle à côtés curvilignes; garni d'un duvet noir velouté. *Elytres* à peine ou à peu près aussi larges en devant que le prothorax à ses angles postérieurs; trois fois ou un peu plus aussi longues que lui: en ogive subarrondie à l'extremité; subparallèles jusqu'aux quatre septièmes ou un peu plus: un peu moins larges prises ensemble, dans leur diamètre transversal le plus grand, que longues depuis l'angle huméral jusqu'à l'extrémité; peu fortement relevées à l'angle huméral ; convexes ; sinueusement rétrécies sur les côtés après le point le plus saillant de la dilatation du bord externe vers les épimères postérieures; à 3e intervalle externe; ventru dans ce point, subconvexe postérieurement vers la dilatation subpostéro-latérale, et paraissant parfois garni de duvet velouté brun sur cette subconvexité; noires; superficiellement pointillées ou impointillées : marquées de stries et revêtues de duvet comme il a été dit. *Repli* ordinairement plus large que le postépisternum vers la base de celui-ci. *Ailes* nulles. *Dessus du corps* noir : à peine garni d'un duvet très-court. *Prosternum* sensiblement plus large que long. *Postépisternum* de moitié au moins plus étroit à son extrémité qu'à sa base. *Pieds* noirs, avec les tarses bruns : 3e article de ceux-ci muni d'une sole membraneuse en dessous.

Cette espèce a été découverte dans les environs de Sorrèze par M. le professeur Nauziel. On la trouve également dans le département de l'Ariége et dans les Pyrénnées.

Obs. Elle offre diverses variations. La ligne transverse du front et la courte ligne du vertex sont souvent peu marquées. Le prothorax ordinairement renflé à ses angles postérieurs, présente parfois ces angles sans renflement sensible; il offre assez souvent les traces d'une ligne médiane, et d'autres fois n'en montre pas les indices. Les élytres ont, à partir du bord externe, un nombre de stries variable; mais les 5e et suivantes à partir du bord externe sont toujours plus ou moins raccourcies et réduites à une partie basilaire.

Malgré les diverses variations que nous avons indiquées, le *B. sorreziacus*, dans son état frais, se distingue aisément du *B. pyrennæus* par ses élytres parées de deux bandes transverses d'un duvet cendré mi-argenté, unies à leur extrémité sur le 5e intervalle externe; par ce 5e intervalle parée d'une bande longitudinale de duvet d'un noir velouté, ordinairement interrompue; par l'extrémité des bandes transverses, etc.

Quand l'insecte est défloré, il se distingue encore du *B. pyrennæus* par les 3e et 4e stries des élytres à partir du bord externe, droites et non interrompues, au moins jusqu'aux deux tiers de leur longueur par le 3e intervalle à partir du bord externe aplani au lieu d'être relevé en toit vers sa partie antérieure et subconvexe postérieurement, par le 4e ordinairement aussi large que le 5e; par les stries moins sensiblement relevées à l'angle huméral; par son prothorax plus finement ou plus superficiellement pointillé et non parsemé de points plus petits, au moins sur les deux tiers médiaires de sa surface.

3. **Byrrhus signatus**; Panzer.

Ovalaire; noir. Prothorax pointillé, pubescent. Elytres marquées d'une strie juxta-suturale, et, à partir du bord externe, de quatre autres à peu près droites, suivies de quelques autres basilaires; offrant postérieurement des stries ou rangées de points, et sur le reste de leur surface, des lignes tortueuses constituant des aréoles inégales, irrégulières: à intervalles externes parsemés de points plus gros: le 3e aplani: le 4e de moitié plus étroit que le suivant, garnies d'un duvet variant d'un roux testacé mi-doré ou cendré grisâtre; parsemées de taches saillantes d'un duvet noir, velouté: le 3e intervalle externe en offrant une vers ses trois cinquièmes; ornées de deux bandes transverses de duvet cendré mi-doré, unies à leurs extrémités sur le 5e intervalle externe, entrecoupées sur les intervalles impairs, et souvent indistinctes: l'antérieure, arquée en arrière sur chaque étui: la postérieure constituant un arc commun obtus et dirigé en arrière, croisant la suture vers les trois cinquièmes.

♂ Ongles des pieds antérieurs plus robustes, en forme de crocs, courbés presque à angle droit, à partir des deux cinquièmes basilaires de leur longueur. Dernier arceau du ventre déprimé transversalement.

♀ Ongles des pieds antérieurs plus grèles, régulièrement arqués. Dernier arceau du ventre sans dépression transversale.

État normal. *Prothorax* noir; très-brièvement pubescent sur les côtés; revêtu ou garni sur sa partie dorsale d'un duvet variant du cendré fauve au roux testacé mi-doré, ce réseau couvrant les deux tiers médiaires du bord antérieur, laissant sur la ligne médiane deux aréoles noires; l'antérieure presque en triangle allongé, couvrant les trois cinquièmes antérieurs de cette ligne; la postérieure formant au devant de l'écusson un carré plus long que large; ce réseau formé, de chaque côté des aréoles précitées, de deux bandes de duvet, unies antérieurement; la juxta-médiane, longeant les aréoles précédentes: l'externe bifurquée sur la seconde moitié de sa longueur, et laissant sur sa moitié antéro-interne une aréole noire, entre elle et la bande juxta-médiane.

Élytres rayées d'une strie juxta-suturale, le plus souvent distincte jusqu'à sa partie antérieure; marquées, à partir du bord externe, de quatre stries, le plus souvent peu ou non visiblement ponctuées, à peu près droites et non interrompues, au moins jusqu'aux trois quarts des étuis; les deux externes séparées des troisième et quatrième par un intervalle large, subparallèle jusqu'aux deux tiers, et aplani ou non relevé en toit obtus: l'intervalle suivant ou le quatrième externe près d'une fois plus étroit que le cinquième, qui est peu nettement limité du côté interne: les quatre stries externes souvent suivies de dehors en dedans de quelques autres stries ou traces réduites à leur partie basilaire; marquées vers leur extrémité de stries ou rangées de points; rayées chacune sur le reste de leur surface de lignes tortueuses ordinairement légères, constituant des aréoles irrégulières et inégales; noires; garnies d'un duvet variant du cendré grisâtre au roux testacé mi-doré; parsemées, sur les trois quarts antérieurs de leur longueur et les deux tiers internes de leur largeur, de taches saillantes d'un duvet noir velouté: le troisième intervalle à partir du bord externe en offrant une seule, vers les trois cinquièmes de sa longueur: le cinquième intervalle externe en offrant une, un peu plus antérieure que la précédente, et une autre du huitième au quart antérieur ou au tiers de sa longueur, celle-ci souvent divisée en deux: le septième intervalle externe ou sixième interne en offrant une, du dixième au cinquième antérieur, et diverses autres: l'espace compris entre ce faux intervalle et la suture, marqué de taches noires veloutées, en nombre et de forme variables; parées dans leur état le plus frais de deux bandes légères et transverses de duvet cendré mi-argenté, ordinairement entrecoupées par les taches d'un noir velouté, unies à leurs extrémités, sur le cinquième intervalle externe, dont elles divisent souvent la tache noire velouté, vers le cinquième ou le quart de la longueur des étuis : la bande antérieure un peu plus avancée sur le septième intervalle externe (ou sixième interne) que sur le cinquième externe et arquée en arrière sur chaque élytre, depuis ce septième intervalle externe jusqu'à la suture, cet arc offrant son point le plus éloigné de la base, vers les trois septièmes de la longueur et le quart interne de la largeur, arrivant à la suture vers les deux septièmes antérieurs de la longueur de celle-ci : la bande postérieure constituant un arc commun dirigé en arrière, transverse ou un peu dirigé en avant du quatrième intervalle interne à l'autre, croisant la suture vers les trois cinquièmes de la longueur de celle-ci.

Byrrhus Dianæ. PANZ. Faun. Germ., 104. 2. — DUFTSCH. Faun. Austr., t. III, p. 9. 3.

Variations du prothorax.

OBS. La couleur du duvet qui recouvre la partie dorsale du prothorax varie du roux testacé mi-doré au cendré grisâtre ou tirant sur le fauve. Chez les individus en état frais, ce duvet est généralement serré ; chez d'autres, il est plus ou moins clair. Souvent il est en partie épilé et dénature plus ou moins le dessin normal. L'aréole antéscutellaire en parallélogramme plus long que large et la bifurcation de chaque bande latérale, sont ordinairement les signes qui rappellent encore un peu le réseau primitif; mais souvent il ne reste plus de traces de ce dernier.

Variations des élytres.

VAR. *A*. Élytres offrant les deux bandes transverses de duvet cendré confondues en une seule.

Byrrhus signatus. PANZ., Faun. Germ., 110. 9. — STEFFAHNY in GERMAR'S, Zeitsch., t. IV, p. 10. 4. — Id. Monog. Byrrh., p. 10. 4 — ERICHS. Naturg. d. Ins. Deutsch., t. III, p. 478. 4. — L. REDTENB. Faun. austr., 2e édit., p. 405.

VAR. *B*. Élytres n'offrant plus les traces des deux bandes transverses de duvet cendré mi-argenté.

Byrrhus melanostictus. FAIRMAIRE, Ann. de la Soc. Entom. de Fr., 4e série, t. I (1861), p. 581.

Var. β. Le duvet foncier varie du roux testacé mi-doré, qui paraît être sa couleur normale, au cendré grisâtre.

Var. γ. Les taches de duvet d'un noir velouté passent quelquefois au roux brun, au roussâtre ou au roux tertair.

Obs. Ces taches disparaissent en partie quand l'insecte a souffert. Les élytres sont parfois alors entièrement noires, en laissant paraître les taches de duvet velouté, dont la couleur se confond avec la partie foncière.

Long. 0^m,0105 à 0^m,0112 (4 l. 3/4 à 5 l.). — Larg. 0^m,0067 à 0^m,070 (3 l. à 3 l. 1/8).

Corps ovale ou ovalaire; convexe; noir ou d'un brun pubescent. *Tête* noire, densement et finement ponctuée; peu distinctement pubescente; marquée, sur le front, d'une ligne transverse, souvent réduite à deux points; ordinairement marquée sur le vertex d'une ligne longitudinale légère ou peu distincte. *Antennes* prolongées presque jusqu'aux angles postérieurs du prothorax; brunes ou d'un brun noir. *Prothorax* obtusément arqué en devant à son bord antérieur, quand il est examiné perpendiculairement en dessus; souvent légèrement caréné à ses angles postérieurs; sans rebord et bissinué à sa base, avec les angles postérieurs aussi prolongés en arrière que la partie médiane de celle-ci; plus d'une fois plus large à sa base que long sur sa ligne médiane; pointillé; noir; garni de duvet comme il a été dit. *Écusson* en triangle à côtés plus ou moins curvilignes; noir, revêtu d'un duvet velouté, laissant la ligne médiane dénudée ou paraissant dénudée. *Élytres* à peine ou à peu près aussi larges en devant que le prothorax à ses angles postérieurs; trois fois à peu près aussi longues que ce dernier sur sa ligne médiane; subparallèles jusqu'aux deux tiers de leur longueur, en ogive postérieurement; un peu moins larges, prises ensemble, dans leur diamètre transversal le plus grand, que longues depuis l'angle huméral jusqu'à l'extrémité; sensiblement relevées à l'angle huméral; convexes; creusées d'une fossette subapicale; marquées d'une dépression subpostéro-latérale, plus faible : cette dépression bornée en devant, sur le troisième intervalle externe, par la tache de duvet noir velouté qui parc cet intervalle; rétrécies en ligne à peu près droite à leur bord externe, à partir du point le plus saillant de la dilatation de ce bord sur les côtés du postpectus; à intervalles externes parsemés de points moins petits: le troisième externe subparallèle depuis la dilatation jusqu'aux deux tiers de sa longueur: le quatrième externe de moitié environ plus étroit que le cinquième, vers le tiers de sa longueur; marquées de stries et revêtues de duvet, comme il a été dit. *Repli* parfois à peine aussi large que le postépisternum, vers la base de celui-ci. *Ailes* non développées. *Dessous du corps* noir; à peine garni d'un duvet très-court; finement ponctué sur le ventre, assez grossièrement sur la poitrine. *Prosternum* plus large que long. *Postépisternum* de moitié au moins plus étroit en arrière qu'en devant. *Pieds*, cuisses et tibias noirs: tarses bruns ou d'un brun rougeâtre: troisième article de ceux-ci muni en dessous d'une sole membraneuse.

Cette espèce habite diverses localités des Pyrénées. Elle a été trouvée pour la première fois en France, sous les mousses, près du Vernet, par M. L. de Bruck.

Nos exemplaires pyrénéens ont reçu de M. Fairmaire le nom de *mélanostictus;* ils ne nous ont pas paru différer des individus qui nous ont été envoyés comme étant le *B. signatus* de Panzer.

Obs. Le *B. signatus* se distingue aisément des autres espèces, quand il est bien conservé, par ses élytres parsemées de taches d'un noir velouté, et surtout par celle qui se trouve sur le troisième intervalle externe, près de la dilatation postéro-latérale.

Il ne peut être confondu avec le *B. pyrenæus*, dont les élytres, presque toujours dénudées, sont garnies, dans l'état frais, d'un duvet uniformément peu serré, et manquent de duvet velouté et de bandes transverses de duvet cendré; dont le troisième intervalle externe et parfois aussi les sixième et quatrième (ou septième et neuvième externes) sont saillants vers leur partie antérieure. Il se distingue du *sorreziacus* avec lequel il a plus d'analogie, par sa taille moins avantageuse; par ses élytres moins fortement dilatées au niveau sur les côtés du postpectus, non-sinueusement rétrécies à partir du point le plus saillant de cette dilatation; par ses intervalles externes parsemés de points plus gros, mais souvent peu distincts sous le duvet qui les recouvre, moins élargis dans le point où les élytres sont le plus dilatées; non subconvexes vers la dépression subpostéro-latérale; par le quatrième intervalle externe généralement de moitié environ plus étroit que le cinquième, vers le tiers de sa longueur, etc.

Byrrhus nigrosparsus; CHEVROLAT. *Ovale; convexe; noir. Prothorax revêtu d'un duvet gris, soyeux, paré d'une ligne médiane de duvet brun, et d'une tache basilaire de même duvet au devant du quatrième intervalle interne de chaque étui. Écusson revêtu d'un duvet pareil. Élytres marquées d'une strie juxta-suturale, et, à partir du bord externe, de cinq autres: les quatre plus extérieures à peu près droites: la cinquième arquée en dedans vers sa partie antérieure; légèrement striées postérieurement; notées sur le reste de leur surface de quelques lignes flexueuses; revêtues d'un duvet gris; parées de taches de duvet noir velouté, sur les quatrième, sixième et huitième intervalles internes, et d'une tache semblable sur le troisième intervalle externe, près de la dépression subpostéro-latérale; ornées de deux bandes transverses de duvet cendré, unies à leurs extrémités sur le cinquième intervalle externe, entrecoupées sur les intervalles impairs; l'antérieure, arquée en arrière sur chaque étui, du sixième intervalle interne à la suture: la postérieure, constituant un arc commun dirigé en avant, du quatrième intervalle interne d'un étui à l'autre.*

Byrrhus nigrosparsus CHEVROLAT, Revue et Magaz. zool., (1866), p. 101. — MULS. et Cl. REY, Ann. de la Soc. Linn. de Lyon, t. XVI (1868), p. 285.

Long. $0^{m},0090$ à $0^{m},0095$ (4 l. à l. 4 1/4); — Larg. $0^{m}0067$ (3 l.).

Corps ovale, offrant vers les deux septièmes des élytres sa plus grande largeur. *Tête* noire; pointillée; brièvement pubescente. *Antennes* noires. *Élytres* légèrement plus larges en devant que le prothorax à sa base; en ogive sur les deux cinquièmes postérieurs; à cinquième intervalle externe ventru du côté interne à sa partie antérieure; à quatrième intervalle externe aussi large que le cinquième au niveau de la dilatation latérale; à troisième intervalle externe aplani, marqué vers la dépression subpostéro-latérale d'une tache de duvet noir velouté; orné d'une rangée longitudinale de taches semblables sur les deux tiers antérieurs des quatrième, sixième et huitième intervalles à partir de la suture : la rangée du quatrième intervalle naissant près de la base: celle du sixième, au sixième antérieur: celle du huitième, au quart antérieur. *Repli* plus large que le postépisternum, vers la base de celui-ci. *Ailes* nulles. *Dessous du corps* noir ou d'un noir brun. *Pieds :* cuisses et tibias noirs : *tarses* d'un rouge brun ou brunâtre : troisième article de ceux-ci muni en dessous d'une sole membraneuse.

Patrie : l'Espagne.

Obs. Le *B. nigrosparsus* a, comme le *B. signatus*, une tache de duvet noir ou brun sur le troisième intervalle externe, vers la dépression subpostéro-latérale; mais il a le corps plus large, plus ovale; les élytres montrent d'un manière distincte la cinquième strie à partir du bord externe; le cinquième intervalle externe est ventru vers sa partie antérieure à son côté interne; le quatrième intervalle externe n'est pas aussi étroit ni si parallèle, il est même aussi large que le cinquième, au niveau de la dilatation du bord externe ; les taches de duvet noir, outre la tache du troisième intervalle externe, n'existent que sur les quatrième, sixième et huitième intervalles à partir de la suture ; la bande transverse postérieure du duvet cendré croise la suture plus antérieurement, c'est-à-dire vers les quatre septièmes de la longueur des étuis.

Voilà du moins les caractères qui nous semblent faire séparer du *B. signatus*, le seul exemplaire du *B. nigrosparsus* que nous avons sous les yeux.

Byrrhus picipes; Duftschmidt. *Ovalaire ; convexe ; variant en dessus du noir brun au fauve ; garni d'un duvet cendré brun ou fauve brunâtre. Élytres en ogive sur leur seconde moitié ; non relevées aux épaules ; rayées d'une strie juxta-suturale presque nulle en devant ; marquées près du bord externe de quelques stries très-légères, ruguleuses et peu ou point striées sur leur disque ; parées de deux bandes transverses de duvet cendré, unies à leurs extrémités vers le quart du huitième intervalle interne : la bande antérieure un peu dirigée en avant du huitième au sixième intervalles, arquée en arrière du sixième à la suture ; la bande postérieure constituant un arc commun dirigé en arrière, croisant la suture vers les trois cinquièmes de celle-ci ; ornées, sur les huitième, sixième et* *quatrième intervalles, de bandes de duvet brun interrompues par les bandes transverses.*

Byrrhus picipes. DUFTSCH, Faun. austr., t. III, p. 9. 4. — ERICHSON, Naturg. d. Ins. Deutsch., t. III, p. 481. 7. — L. REDTEND, Faun. austr., 2e édit., p. 409.

Long. 0m,0090 (4 l.) — Larg. 0m,0056 à 0m,0061 (2 l. à 2 l. 3/4).

Corps ovalaire, en ogive sur le tiers ou les deux cinquièmes postérieurs des élytres; brun ou fauve, en dessus. *Tête* noire; finement ponctuée; brièvement pubescente; rayée sur le milieu du front d'une ligne transverse, parfois obsolète. *Labre* grossièrement ponctué et hérissé de poils. *Antennes* d'un fauve ou d'un brun fauve, grossissant médiocrement à partir du 4e article: le dernier, en triangle tronqué sur sa dernière moitié. *Prothorax* arqué en devant à son bord antérieur, quand l'insecte est vu perpendiculairement en dessus; deux fois et quart à deux fois et demie aussi large à la base, que long sur la ligne médiane, faiblement bissinué à la base, avec les angles postérieurs un peu moins dirigé en arrière que la partie antéscutellaire de la base; densement pointillé; d'un noir brun, presque glabre sur les côtés, garni sur le reste de sa surface d'un duvet brun fauve, médiocrement serré. *Écusson* triangulaire; noir, garni d'un duvet noir velouté. *Élytres* à peine aussi larges en devant que le prothorax à sa base; trois fois au moins aussi longues que lui; un peu élargies de la base au huitième de leur longueur, subparallèles de ce point aux trois cinquièmes, en ogive postérieurement; d'un sixième plus longues depuis les épaules jusqu'à l'extrémité, que larges dans leur diamètre transversal le plus grand; convexes; non relevées à l'angle huméral; rayées d'une strie juxta-suturale affaiblie en devant; rayées de quelques stries très-fines et très-légères près du bord sutural; ruguleuses ou indistinctement striées sur le dos; finement ponctuées; variant du brun au brun noir au fauve; garnies d'un duvet concolore, fin et soyeux; parées de deux bandes transverses de duvet d'un cendré flave mi-doré ou d'un flave mi-doré, unies à leurs extrémités sur le quart antérieur ou un peu plus du cinquième intervalle externe au huitième interne: la bande antérieure, un peu dirigée en avant, du huitième intervalle interne au sixième, arquée en arrière sur chaque étui, depuis ce point jusqu'à la suture qu'elle rejoint vers le tiers de la longueur de celle-ci: la bande postérieure, constituant un arc commun dirigé en arrière, croisant la suture vers les trois cinquièmes de la longueur de celle-ci; ornées sur chacun des huitième, sixième et quatrième intervalles internes ou du moins sur les parties qui en indiqunt la place, d'une bande longitudinale de duvet brun, à peine prolongée jusqu'aux deux tiers, interrompue par les bandes transverses, et parfois peu apparentes; marquées d'une fossette subapicale, et d'une dépression subpostéro-latérale assez faibles. *Repli* d'un rouge de cuir; à peine aussi large que le postépisternum, vers la base de celui-ci. *Dessous du corps* ordinairement d'un brun rouge sur la poitrine, d'un rouge testacé ou brunâtre sur le ventre; assez finement ponctué sur la première, pointillé sur le second. *Prosternum* plus large que long. *Pieds* bruns: tarses fauves: 3e article de celui-ci ne paraissant pas muni en dessous d'une sole membraneuse.

Patrie: l'Autriche, la Styrie.

Obs. Le *B. picipes* a été confondu par Steffahny et quelques autres auteurs avec le *B. signatus;* mais il se distingue de celui-ci par sa taille moindre; par sa couleur; surtout par la bande postérieure du duvet cendré de ses élytres, constituant un arc comme dirigé en arrière; par le duvet plus fin dont ses élytres sont revêtues; par les bandes longitudinales de duvet brun non faciculées; par le 3e intervalle externe non paré postérieurement d'une tache de duvet brun; par le 3e article des tarses sans sole membraneuse, etc.; par ses élytres non relevées aux épaules, etc.

Cet insecte paraît assez rare même dans les lieux où on le trouve.

Nous n'en avons eu sous les yeux qu'un seul exemplaire provenant de la collection de M. Reiche: les élytres n'offraient point de stries apparentes sur leur disque, sous le duvet dont elles étaient garnies. S'il en existe des traces dans cette partie dorsale, elle doivent être fort légères.

4, Byrrhus auromicans; Kiesenwetter.

Ovale; convexe; noir. Élytres presque aussi larges dans leur diamètre transversal le plus grand que longues depuis l'angle sutural jusqu'à l'extrémité; marquées d'une strie juxta-suturale, et de quatre autres légères, à partir du bord externe: celles-ci suivies de lignes interrompues, soit parialement unies, soit tortueuses; pointillées; noires, garnies d'un duvet mi-doré, laissant parfois distinguer une bande commune ou deux bandes transverses, de duvet de même couleur, unies à leurs extrémités sur le 5e intervalle externe: l'antérieure arquée en arrière sur chaque élytre: la postérieure en arc commun dirigé en arrière; parsemées de quelques taches ou bandes interrompues, d'un noir velouté, sur les 4e, 6e et 8e intervalles internes: le 3e externe, aplani, non paré d'une tache veloutée.

♂ Ongles des pieds antérieurs plus robustes, courbés presque en forme de croc, à partir de leurs deux cinquièmes basilaires. Ventre déprimé transversalement sur le dernier arceau.

♀ Ongles des pieds antérieurs plus grêles, régulièrement arqués. Ventre sans dépression sur le dernier arceau.

Etat normal. *Prothorax* noir, garni sur les côtés d'un duvet plus court et plus clairsemé, paraisant souvent parsemé de points obscurs, de couleur foncière; ordinairemeut sans trace de ligne ou de sillon sur la ligne médiane, si ce n'est en devant; paré sur cette ligne d'une bande longitudinale garnie d'un duvet noir très-court: cette bande presque divisée en deux aréoles: l'antérieure, prolongée sur les trois cinquièmes antérieurs, rétrécie d'arrière en avant: la postérieure, presque unie à la précédente, en parallélogramme allongé; revêtu, de chaque côté de la ligne médiane, d'une bande de duvet d'un flave fauve ou flave brun mi-doré, couvrant en devant la moitié de l'espace existant entre la ligne médiane et chaque angle antérieur, divisée, vers la moitié du segment en deux branches: l'interne, parallèle à la ligne médiane: l'externe dirigée vers l'angle postérieur.

Élytres rayées d'une strie juxta-suturale légère, généralement distincte sur sa moitié antérieure : marquées, à partir du bord externe de quatre stries, ordinairement très-légères ou presque obsolètes, à peu près droites et non interrompues jusqu'aux deux tiers ; notées postérieurement de rangées de points souvent réduites à des points disséminés sans ordre ; marquées sur le reste de leur surface de stries ou lignes légères ou presque superficielles, souvent interrompues vers la moitié de leur longueur, et unies par paires, d'autrefois en partie tortueuses et constituant quelques aréoles ; noires ; densement et finement pointillées ; parées, dans l'état frais, sur les 5e, 7e et 9e intervalles externes (4e, 6e et 8e internes) ou sur les parties qui correspondent à ces intervalles, soit de bandes longitudinales interrompues, soit plus souvent de taches isolées de duvet d'un noir velouté, peu nombreuses après la moitié de leur longueur : à 3e intervalle externe aplani soit en devant, soit vers la fossette subpostéro-latérale et dépourvu, vers celle-ci, d'une tache d'un noir velouté ; garnies d'un duvet mi-doré, quelquefois parsemé de points obscurs, comme dénudés : ce duvet mi-doré, paraissant souvent, dans l'état le plus frais, soit par un peu plus de densité, soit par l'effet d'une teinte plus dorée, constituer une bande transverse commune, soit deux bandes transverses unies à leurs extrémités, sur le 5e intervalle externe, vers le quart antérieur de la longueur de celle-ci : la bande antérieure un peu plus avancée sur le 7e intervalle externe que sur le 5e, arquée en arrière sur chaque élytre, depuis le 7e intervalle externe (ou 6e interne) jusqu'à la suture : la bande postérieure, constituant un arc commun dirigé en arrière, croisant la suture, vers les deux tiers de la longueur de celle-ci : ces deux bandes paraissant le plus souvent confondues en une bande commune, offrant à ses extrémités, sur le 5e intervalle externe, une tache de duvet noir velouté, avant et après elle.

Variations du prothorax.

Obs. Le prothorax n'a le plus souvent point de trace de ligne médiane, si ce n'est en avant ; d'autrefois il en montre sur toute sa longueur une trace plus ou moins sensible. Parfois, au lieu d'offrir une bande ou deux sortes d'aréoles noires sur la ligne médiane, il est presqu'uniformément garni d'un duvet court sur toute sa surface, excepté près des angles de devant. Souvent il est dénudé.

Variations des élytres.

VAR. A. Elytres garnies d'un duvet mi-doré, laissant plus ou moins distinguer une bande transverse de duvet semblable, terminée à ses extrémités sur le 5e intervalle, arquée en arrière à son bord antérieur sur chaque élytre, constituant à son bord postérieur un arc commun dirigé en arrière, croisant la suture vers les deux tiers : parsemées de quelques taches d'un noir velouté.

Byrrhus auromicans. KIESENWETTER, Ann. de la Soc. entom. de France, 2e série, t. IX (1851), p. 582.

VAR. C. Elytres revêtues d'un duvet mi-doré ; parées sur chacun des 5e, 7e et 9e intervalles externes ou 4e, 6e et 7e internes, d'une bande d'un noir velouté, prolongée environ jusqu'au trois septièmes de la largeur des étuis ; celle du 8e intervalle notablement plus rapprochée de la base que les autres ; ces mêmes intervalles marqués de quelques taches de duvet noir velouté sur leur seconde moitié.

Obs. Souvent alors les 4e, 6e et 8e intervalles à partir de la suture sont légèrement saillants sous les bandes veloutées. Souvent aussi les 2e à 7e stries, à partir de la suture, sont plus distinctes, plus droites ou moins tortueuses.

VAR. D. Elytres déflorées, garnies d'un duvet qui a passé au noir, ou épilées en partie ou en totalité.

Obs. Le *B. auromicans* varie assez sensiblement sous le rapport des stries des élytres et du duvet dont elles sont couvertes.

Ordinairement les stries sont réduites à des lignes très-étroites, plus ou moins légères. Souvent la 5e à partir du bord externe, jusqu'à la juxta-suturale, sont indistinctes sous le duvet ; d'autrefois, sous celui-ci, elles ne forment que des lignes plus ou moins irrégulières, en partie interrompues vers la moitié de leur longueur et unies par paires, ou constituant un petit nombre d'aréoles assez grandes ; chez divers exemplaires, surtout chez ceux dont les élytres, au lieu de petites taches isolées, présentent sur chacun des 4e, 6e et 8e intervalles, à partir de la suture, une bande assez longue de duvet noir velouté, les stries sont plus distinctes, plus droites: la 2e à partir de la suture, est parfois assez nettement indiquée.

Long., 0,0090 à 0,0100 (4 l. à 4 l. 1/2). — Larg., 0,0067 à 0,0067 (2 l. 3/4 à 3 l.).

Corps ovale ou ovalaire; convexe; noir, revêtu, dans l'état frais, d'un duvet court, inégal, d'un flave fauve mi-doré. *Tête* noire; densement et finement ponctuée; à peine ou brièvement pubescente; rayée sur le milieu du front d'une ligne transverse, souvent obsolète. *Antennes* prolongées presque jusqu'aux angles postérieurs du prothorax; brunes ou noires; à 11e article terminé en ogive. *Prothorax* un peu arqué en devant, quand l'insecte est examiné perpendiculairement en dessus; sans rebord et bissinué à la base, avec les angles postérieurs au moins aussi prolongés en arrière que la partie médiane; une fois au moins plus large à la base que long sur sa ligne médiane; souvent sans traces de sillons sur celle-ci; densement pointillé; noir; couvert de duvet comme il a été dit. *Ecusson* en triangle à côtés curvilignes; noir, duveteux dans l'état frais. *Élytres* à peine ou à peu près aussi larges en devant que le prothorax à ses angles postérieurs; trois fois aussi larges que lui sur sa ligne médiane; offrant variablement vers la moitié ou vers les trois cinquièmes de leur longueur, leur plus grande largeur; presque aussi larges, prises ensemble, dans leur diamètre le plus grand que longues depuis l'angle huméral jusqu'à l'extrémité; un peu relevées aux épaules; convexes; creusées au devant de l'angle sutural d'une fossette plus ou moins prononcée; peu profondément ou à peine marquées d'une dépression subpostéro-latérale; marquées sur les deux premiers intervalles externes, vers la dilation du bord extérieur, d'une fossette moins légère que chez les autres espèces; finement et densement ponctuées; marquées de stries ou de lignes et revêtus de duvet comme il a été dit. *Repli* au moins aussi large que le postépisternum vers la base de celui-ci. *Ailes* nulles. *Prosternum* plus large que long. *Postépisternum* ordinairement de moitié moins large en arrière qu'en avant. *Dessous du corps* noir, presque glabre; pointillé sur les quatre derniers arceaux du ventre; ponctué sur le 1er arceau et sur la poitrine. *Pieds. cuisses* et *tibias* noirs : ceux-ci très-obtusément arqués sur la moitié médiane de la tranche externe des postérieurs. *Tarses* d'un brun rouge : 3e article de ces derniers muni en dessous d'une sole membraneuse.

Cette espèce dont nous devons la découverte à M. de Kiesenwetter, habite diverses localités alpines et subalpines des Pyrénées.

Le *B. auromicans* se distingue du *B. pyrenæcus*, par sa taille moins avantageuse; par son prothorax non parsemé de points moins petits sur un fond pointillé; par ses élytres offrant des aréoles peu nombreuses, revêtues d'un duvet mi-doré, parées de quelques bandes ou parsemées de taches d'un duvet noir velouté; par son 3e intervalle non relevé en toit au devant. Il s'éloigne du *B. sorreziacus* par sa taille plus faible; par ses élytres plus faiblement striées, marquées de lignes moins tortueuses, constituant des aréoles peu nombreuses et non gauffrées; non parées de deux bandes transverses de duvet cendré; par leur 3e intervalle externe, non subconvexe vers la dépression subpostéro-latérale, par son corps plus court, etc.

Il se distingue enfin du *B. signatus* par ses élytres non parsemées de points moins petits sur leurs intervalles externes; non parées d'une tache d'un noir velouté sur le 3e intervalle externe; non parées de deux bandes transverses de duvet cendré; couvertes d'un duvet court mi-doré, etc.

5. **Byrrhus Kiesenwetteri**; Brisout de Barneville.

Ovalaire; convexe; noir; pubescent. Elytres marquées de 10 ou 11 stries : la juxta-suturale et les 2 ou 4 externes droites; les 5e à 10e à partir du bord externe fluxueuses sur leurs deux tiers antérieurs, droites sur le postérieur; garnies d'un duvet grisâtre, luisant; parées de deux bandes de duvet cendré mi-argenté, transverses, communes, unies à leurs extrémités sur le quart antérieur du 5e intervalle externe; l'antérieure arquée en arrière sur chaque étui; la postérieure formant, sur les trois intervalles internes de chaque étui, un angle ou un arc commun, dirigé en avant; ornées sur chacun des 2e, 4e, 6e et 8e intervalles internes, d'une bande longitudinale de duvet brun velouté, interrompue par les bandes transverses et réduite à trois taches sur le 8e intervalle.

♂ Ongles des pieds antérieurs plus robustes, presque en forme de croc. Ventre déprimé transversalement sur le dernier arceau.

♀ Ongles des pieds antérieurs plus grêles, régulièrement arqués, Dernier arceau du ventre sans dépression.

État normal. *Prothorax* noir; à peine pubescent près les angles antérieurs, garni sur le reste de sa surface d'un duvet court, brun ou noir, paré de quatre bandes de duvet cendré argenté, naissant du bord antérieur et souvent peu distinctes: les deux justa-médiaires enclosant sur la ligne médiane deux aréoles de duvet brun: chacune des latérales séparées des précédentes par une tache brune et divisée, vers la moitié de la longueur du segment, en deux branches divergeantes.

Élytres rayées de onze stries: la 2e à partir de la suture sinueuse et peu distincte sur la moitié antérieure, nulle sur la postérieure: les deux plus voisines du bord externe, droites: les 3e et 4e presque droites: les 5e à 10e, à partir du bord externe, sinueuses sur leur deux tiers antérieurs, droites sur le postérieur; noires, garnies d'un duvet très-court ou comme poudrées d'un duvet cendré; parées de deux bandes transverses, communes, d'un cendré argenté, unies à leurs extrémités vers le quart de la longueur du 8e intervalle à partir de la suture ou 5e à partir du bord externe: la bande antérieure, en ligne transverse du 5e au 7e intervalle externe, arquée en arrière sur chaque élytre, depuis le 7e intervalle externe ou 6e interne, jusqu'à la suture qu'elle joint vers le quart ou un peu plus de sa longueur: la bande postérieure obliquement dirigée en arrière depuis le 5e intervalle externe jusqu'aux quatre septièmes de la longueur du 4e au 3e intervalle interne, puis formant, de ce dernier à l'intervalle correspondant de l'autre étui, un angle ou un arc dirigé en avant; ornées chacune sur les intervalles 5e, 7e, 9e et 10e à partir du bord externe, ou 2e, 4e 6e et 8e à partir de la suture de taches ou bandes longitudinales brunes un peu veloutées, intrerrompues par les bandes transverses d'un cendré argenté : celle du 2e intervalle interne souvent peu distincte : celle du 4e intervalle constituant une bande longitudinale naissant de la base, et prolongée jusqu'aux trois quarts, interrompue par les bandes transverses : celle du 6e intervalle constituant une bande pareille, mais naissant seulement du 10e antérieur de la largeur : celle du 8e intervalle interne, réduite à trois taches : une avant et une après la tache cendrée formant l'extrémité des bandes transverses : la troisième tache brune située vers les trois quarts de la longueur.

Variations du prothorax.

Obs. Quand le dessin est bien marqué, le prothorax semble creusé d'un sillon sur la ligne médiane, quoique cette ligne n'offre qu'une légère raie sur la moitié postérieure ou n'en offre pas de distincte quand l'insecte est dépourvu de duvet. Mais rarement on trouve des individus assez frais pour présenter l'état normal, et souvent le prothorax est entièrement épilé.

Variations des élytres.

Obs. Quand les élytres n'ont plus leur état primitif, le duvet foncier s'obscurcit ; les bandes de duvet brun, plus tenaces, offrent au moins des traces plus ou moins visibles de leur existence, à moins que les étuis ne soient entièrement épilés.

Long. $0^m,0090$ à $0^m,0100$ (4 l. à 4 l. 1/2). — Larg. $0^m,0067$ à $0^m,007$ (3 l. à 3 l. 1/2).

Corps ovalaire ; convexe ; noir. *Tête* noire, densement et finement ponctuée ; peu distinctement pubescente ; marquée sur le front d'une ligne transverse, souvent obsolète en réduites à deux points ; plus rarement notée d'une courte et faible ligne sur le vertex. *Antennes* prolongées presque jusqu'aux angles postérieures du prothorax ; brunes ou d'un brun rougeâtre ; à dernier article un peu moins long que les deux précédents réunis, subarrondies à l'extrémité. *Prothorax* obtusément arqué à son bord antérieur, quand l'insecte est examiné perpendiculairement en dessus; sans rebord et assez faiblement bissinué à sa base, avec les angles postérieurs un peu plus prolongés en arrière que la partie médiane; plus d'une fois plus large à sa base que long sur sa ligne médiane; superficiellement pointillé; noir; garni, dans l'état frais, d'un duvet court comme il a été dit; n'offrant pas ordinairement, si ce n'est sur la seconde moitié, de traces de lignes médiane. *Écusson* triangulaire ou à côtés curvilignes; noir, revêtu d'un duvet velouté. *Élytres* à peine ou à peu près aussi larges en devant que le prothorax à ses angles postérieurs; trois fois et demie aussi longues que celui-ci sur la ligne médiane; offrant variablement un peu avant ou un peu après la moitié leur plus grande largeur; moins larges, prises ensemble, dans leur diamètre transversal le plus grand, que longues depuis l'angle huméral jusqu'à l'extrémité; émoussées et assez faiblement relevées à l'angle huméral; convexes; noires; densement et finement pointillées; striées et revêtues de duvet comme il a été dit; creusées d'une fossette subapicale; n'offrant ordinairement qu'une dépression subpostéro-latérale faiblement indiquée. *Repli* au moins aussi large que le postépisternum vers la base de celui-ci. *Ailes* non développées. *Dessous du corps* noir; à peine garni de duvet; finement ponctué sur le ventre, moins finement sur la poitrine. *Prosternum* plus large ou au moins aussi large que long. *Postépisternums* de moitié environ plus larges à leur extrémité qu'à la base. *Pieds* noirs, avec les tarses d'un rouge brun ou brunâtre: 3e article de ceux-ci muni en dessous d'une sole membraneuse.

Cette espèce habite diverses localités des Pyrénées. (Coll. Reiche).

Obs. Le *B. Kiesenwetteri* offre comme toutes les autres espèces quelques variations qui altèrent quelques-uns de ses caractères. Ainsi, le prothorax est tantôt sans traces de ligne médiane; d'autrefois il montre une faible raie sur sa ligne médiane. Les épaules généralement émoussées, sont parfois à peine relevées à l'angle huméral. Le quatrième intervalle à partir du bord externe ordinairement sensiblement plus étroit que le troisième, l'égale presque en largeur quelquefois vers le niveau des cuisses postérieures. Le troisième intervalle externe généralement plan, offre parfois une légère tendance à se montrer saillant en devant. Les stries cinq à dix, à partir du bord externe toujours plus ou moins flexueuses sur les deux tiers antérieurs des étuis, sont parfois en partie interrompues au lieu d'être entières. La dépression subpostéro-latérale est tantôt à peine apparente, d'autrefois assez prononcée, etc.

Malgré ces variations, il s'éloigne de toutes les espèces précédentes par ses élytres offrant dix ou douze stries, presque toujours entières, en ligne droite et très-nettement indiquées sur leur tiers postérieur; par les cinquième à dixième à partir du bord externe, quoique flexueuses, constituant rarement des aréoles; par la bande transverse postérieure de duvet cendré des élytres, formant sur les trois intervalles internes de chaque étui un angle ou un arc commun dirigé en avant, au lieu d'être dirigé en arrière.

6. **Byrrhus similaris**; MULSANT et REY.

Ovale, convexe noir. Élytres non obtuses et ordinairement non relevées à l'angle huméral; subparallèles jusqu'à la moitié ou un peu plus, en ogive postérieurement; à onze stries en partie sinueuses; garnies d'un duvet court et grisâtre: ornées de deux bandes transverses de duvet cendré mi-argenté, unies à leurs extrémités, sur le quart ou un peu plus du cinquième intervalle externe: l'antérieure, transverse du huitième au sixième intervalle interne, arquée en arrière sur chaque élytre, de ce dernier à la suture qu'elle joint vers les deux septièmes: la postérieure, constituant un arc commun ordinairement transverse ou subarqué en devant du quatrième intervalle à l'autre; ornées sur chacun des quatrième, sixième et huitième intervalles internes d'une bande longitudinale de velours brun, prolongée jusqu'aux deux tiers, interrompue par les bandes transverses; non chargées d'un tubercule, au devant de la fossette subapicale.

♂ Ongles des pieds antérieurs robustes, presque en forme de croc. Ventre marqué d'une dépression transverse sur le dernier arceau ventral.

♀ Ongles des pieds antérieurs grêles, régulièrement arqués. Dernier arceau du ventre sans dépression.

État normal. *Prothorax* noir; presque dénudé sur les côtés; paré sur le reste de sa surface d'un duvet cendré flavescent ou cendré fauve mi-doré, offrant de chaque côté de la ligne médiane une bande enclosant entre elles deux aréoles d'un duvet noir ou brun : l'antérieure, couvrant les quatre septièmes antérieurs de cette ligne, rétrécie d'arrière en avant : la postérieure presque en carré plus long que large : le reste du réseau souvent peu distinctement formé, de chaque côté de la bande submédiane, d'une bande sublatérale, unie à la précédente sur le bord antérieur et bifurquée postérieurement.

Elytres noires ou d'un noir bronzé; à onze stries, dont la deuxième interne s'efface vers la moitié de sa longueur, dont les cinquième à huitième externes sont parfois en partie flexueuses; garnies d'un duvet grisâtre; ornées de deux bandes transverses, de duvet cendré mi-argenté; unies à leurs extrémités sur le quart ou les deux cinquièmes antérieurs du cinquième intervalle externe : l'antérieure, transverse, sur les huitième à sixième intervalles externes, arquée en arrière sur chaque élytre, à partir du sixième intervalle jusqu'à la suture, joignant cette dernière aux deux septièmes de sa longueur ; la bande postérieure, constituant un arc commun, obtusément dirigé en arrière, c'est-à-dire dirigé obliquement en arrière du huitième au quatrième intervalle interne, aboutissant sur ce dernier aux quatre septièmes environ de leur longueur, et constituant du quatrième intervalle interne d'un étui au quatrième intervalle de l'autre élytre, une ligne presque transverse ou plutôt légèrement arquée en devant, croisant la suture un peu après la moitié de sa longueur; ornées, sur les deux tiers antérieurs de chacun des intervalles quatrième, sixième et huitième à partir de la suture, d'une bande de duvet brun ou brun noir velouté, interrompues par les bandes transverses cendrées : celle du quatrième intervalle naissant à peu près de la base : celle du sixième intervalle un peu moins rapprochée de celle-ci : celle du huitième intervalle naissant au huitième antérieur ou un peu moins de la longueur de ce dernier.

Variations du Prothorax.

Obs. Le prothorax chez quelques exemplaires, dans leur état le plus parfait, offre parfois les traces de quatre bandes de duvet d'un flave roux mi-doré, dont les deux juxta-médiaires enclosent deux aréoles brunes ou noires; mais les autres n'offrent souvent que des aréoles confuses.

Quand le prothorax est plus ou moins épilé, le dessin primitif devient peu reconnaissable ou indistinct.

Variations des Élytres.

Obs. Les bandes transverses cendrées sont souvent entières; parfois elles sont moins apparentes ou indistinctes sur les intervalles impairs troisième, cinquième et septième à partir de la suture. Les bandes longitudinales brunes veloutées, sont parfois raccourcies postérieurement. Enfin quand l'insecte a souffert, le dessin normal devient plus ou moins indistinct.

Long. 0,0100 à 0,0106 (4 l. 1/2 à 4 l. 3/4). — Larg. 0,0078 (3 l. 1/2).

Corps ovale; convexe; noir. *Tête* noire, densement pointillée; brièvement ou à peine pubescente; marquée sur le front d'une ligne transverse, souvent obsolète ou réduite à deux points. *Antennes* prolongées presque jusqu'aux angles postérieurs; noires ou brunes; à dernier article subarrondi à l'extrémité. *Prothorax* obtusément arqué en devant quand l'insecte est examiné perpendiculairement en dessus; bissinué et sans rebord à la base, avec les angles postérieurs à peine plus prolongés en arrière que la partie médiane de celle-ci; deux fois et quart aussi large à la base que long sur sa ligne médiane; ordinairement sans raie sensible sur celle-ci; noir; très-finement pointillé; garni de duvet comme il a été dit. *Écusson* en triangle ordinairement rectiligne, un peu plus long que large; noir; velouté. *Élytres* à peu près aussi larges en devant que le prothorax à ses angles postérieurs; trois fois aussi longues que lui sur sa ligne médiane; subparallèles jusqu'à la moitié ou un peu plus de leur longueur; d'un septième plus longues depuis l'angle huméral jusqu'à l'extrémité, que larges dans leur développement transversal le plus grand; ordinairement peu ou point émoussées et non relevées à l'angle huméral; convexes; densement pointillées; à onze stries: les cinquième à huitième à partir du bord externe en partie sinueuses; à cinquième intervalle externe ventru ou élargi en ligne courbe, à son côté interne depuis la base jusqu'au niveau de la dilatation latérale, généralement aussi large ensuite que le troisième intervalle externe; creusées chacune d'une fossette sabapicale et d'une dépression subpostéro-latérale; ordinairement sans trace de tubercule au devant de la fossette subapicale; garnies de duvet comme il a été dit. *Repli* aussi large que le postépisternum vers la base de celui-ci. *Ailes* non développées. *Prosternum* plus large que long. *Postépisternums* de moitié environ plus étroits en arrière qu'en devant. *Dessous du corps* noir ou à peine pubescent, pointillé sur le ventre, finement ponctué sur la poitrine. *Pieds*, *cuisses* et *tibias*, noirs. *Tarses* bruns à troisième article muni, en dessous, d'une sole membraneuse.

Cette espèce habite principalement les pays froids et montagneux et les parties occidentales de la France.

Obs. Le *B. similaris* a beaucoup d'analogie avec le *B ornatus* et a souvent été confondu avec lui. Il a, en effet, comme ce dernier, onze stries, sur la moitié antérieure des étuis; mais quelques-unes des cinquième à huitième à partir du bord extérieur sont plus souvent en partie sinueuses sur leur moitié antérieure, ou unies à leurs voisines. Le cinquième intervalle externe est aussi ventru du côté interne jusqu'au niveau de la dilatation externe; mais les élytres n'offrent pas généralement un tubercule sur les cinquième à septième intervalles externes au devant de la fossette subapicale; quand l'insecte est dans un état frais, il est assez différent du *B. ornatus* par le dessin de ses étuis pour en être distingué au premier coup d'œil. Chez ce dernier (*ornatus*), les deux bandes transverses de duvet cendré, forment chacune un arc dirigé en arrière, dont l'antérieur croise la suture un peu avant: le postérieur un peu après la moitié de celle-ci. Chez le *B. similaris*, la bande antérieure est transverse sur les huitième à sixième intervalles internes et arquée en arrière sur chaque élytre, du sixième intervalle à la suture, qu'elle joint vers les deux septièmes de la longueur de celle-ci; et la bande postérieure forme une sorte d'arc commun dirigé en arrière, et transverse ou un peu arqué en avant du 4e intervalle d'une élytre à l'intervalle correspondant. Les bandes longitudinales brunes veloutées dépassent ordinairement à peine les deux cinquièmes, au lieu de se prolonger jusqu'aux trois quarts, et le deuxième intervalle à partir de la suture est habituellement dépourvu d'une bande semblable.

Le nombre et la régularité des stries des élytres, l'angle huméral de celles-ci, peu ou point émoussé et non ou à peine relevé, empêchent de le confondre avec les espèces précédentes de notre pays.

Il se rapproche un peu par le dessin de ses bandes transverses cendrées du *B. signatus;* mais il s'en éloigne par ses élytres offrant visiblement onze stries; non parsemées de taches de duvet noir velouté.

7. **Byrrhus ornatus**; Panzer.

Ovale; convexe; noir. Élytres peu obtuses, non ou faiblement relevées à l'angle huméral; subparallèles jusqu'à la moitié, en ogive postérieurement; à onze stries; garnies d'un duvet court et grisâtre; ornées de deux bandes transverses de duvet cendré mi-argenté, unies à leurs extrémités sur le quart du cinquième intervalle externe, subparallèlement arquées en arrière, croisant la suture : l'antérieure un peu avant : la postérieure un peu après la moitié de la suture; ornées sur chacun des deuxième, quatrième, sixième et huitième intervalles à partir de la suture d'une bande longitudinale de duvet brun velouté, prolongée jusqu'aux trois quarts et interrompue par les bandes transverses; chargées chacune d'un tubercule au devant de la fossette subapicale.

♂ Ongles des pieds antérieurs robustes, presque en forme de croc. Dernier arceau du ventre déprimé transversalement.

♀ Ongles des pieds antérieurs grêles, régulièrement arqués. Dernier arceau du ventre sans dépression.

ÉTAT NORMAL. *Prothorax* noir; presque dénudé sur les côtés; paré sur le reste de sa surface d'un réseau de duvet cendré flavescent mi-doré enclosant des aréoles noires, brièvement pubescentes : ce réseau formé de quatre branches naissant du bord antérieur : les deux juxta-médiaires enclosant deux aréoles : l'antérieure prolongée jusqu'aux quatre septièmes, parallèle d'abord, puis anguleuse latéralement aux deux cinquièmes de la longueur du segment et à son extrémité : la postérieure, parallèle au devant de l'écusson, rétrécie en ogive en devant : chaque bande sublatérale unie à la juxta-médiaire en devant et à la dilatation anguleuse de la cellule antérieure médiane, constituant deux aréoles subarrondies le long de la bande juxta-médiaire, divisée, à partir de la moitié de la longueur du segment en deux branches, dont l'interne se lie à la bande-juxta-médiane au devant de l'écusson, dont l'externe se dirige vers la base, près de l'angle postérieur.

Élytres d'un noir bronzé; à onze stries, dont la deuxième interne s'efface vers la moitié de leur longueur; ornées de deux bandes communes, transverses, de duvet cendré mi-argenté, unies à leurs extrémités, vers le quart ou le tiers de la longueur du cinquième intervalle externe, parallèlement arquées en arrière : l'antérieure, croisant la suture aux trois septièmes ou un peu plus : la postérieure, aux quatre septièmes ou un peu moins de la longueur de celle-ci; ornées sur chacun des deuxième, quatrième, sixième et huitième intervalles internes, d'une bande longitudinale de duvet velouté brun, prolongée jusqu'aux deux tiers ou un peu plus de leur longueur, mais interrompues par les bandes transverses cendrées : celle du deuxième intervalle souvent obsolète, naissant de la base ou près de la base, ainsi que celle du quatrième intervalle : celle du sixième intervalle moins rapprochée de la base : celle du huitième intervalle naissant au huitième antérieur de celui-ci, souvent réduite à trois taches : une avant, une après la bande transverse et la troisième vers les deux tiers.

Byrrhus ornatus. PANZ. Faun. Germ., 24. 1. — STURN. Deutsch. Faun. t. II, p. 92, 2. — DUFTSCH. Faun. Austr. t. III, p. 8. 2. — STEFFAHNY, in GERMAR'S Zeitsch. t. IV, p. 11. 6. — Id. Monogr. Byrrh. p. 11. 6. — ERICHS. Naturg. d. Ins. Deutsch. t. III, p. 479. 5 — BACH, Kæferfaun. p. 291. 1. — L. REDTENB. Faun. Austr. 2e édit., p. 405.

Variations du Prothorax.

Obs. Souvent le prothorax en partie épilé laisse peu distinctement deviner le dessin normal; quelquefois, il est entièrement dénudé.

Variations des Élytres.

Obs. Les bandes transverses, quand elles sont nettement indiquées, offrent peu de variations dans leur direction. Quant aux bandes veloutées brunes, celle du deuxième intervalle est souvent peu distincte: celle du huitième intervalle est tantôt interrompue vers la moitié de la longueur des étuis, et réduite alors à trois taches, tantôt la dernière tache se montre liée ou presque liée à la seconde.

Quand les élytres sont plus ou moins épilées, le dessin normal est plus ou moins difficile à reconnaître, ou devient même indistinct.

A ce dernier état paraissent appartenir les

Byrrhus glabratus, Heer, Faun. Coleopt. helvet., p. 447. 5.
Byrrhus striatus. Stefeh. Monog. Byrrh., p. 11. 5.

Long. 0,0100 à 0,0106 (4 l. 1/2 à 4 l. 2/4). — Larg. 0,0067 à 0,0070 (3 l. à 3 l. 1/8).

Corps ovale; convexe; noir. *Tête* noire; densement pointillée; brièvement pubescente; marquée, sur le front, d'une ligne transverse, souvent obsolète ou réduite à deux points. *Antennes* prolongées à peu près jusqu'aux angles postérieurs du prothorax; noires ou brunes; à dernier article en ogive obtuse ou subarrondie. *Prothorax* obtusément et faiblement arqué en devant, quand l'insecte est vu perpendiculairement en dessus; bissinué et sans rebord à la base, avec les angles postérieurs à peine plus prolongés en arrière que la partie médiane de celle-ci; deux fois et demie aussi large à sa base que long sur sa ligne médiane, ordinairement sans trace de raie sur celle-ci; densement pointillé ou très-finement ponctué; garni de duvet comme il a été dit. *Écusson* en triangle à côtés variablement presque droits ou curvilignes ; noir ; pubescent. *Élytres* à peu près aussi larges en devant que le prothorax à ses angles postérieurs ; trois fois aussi longues que lui ; subparallèles ordinairement jusqu'à la moitié de leur longueur, en ogive postérieurement ; d'un septième plus longues depuis l'angle huméral jusqu'à l'extrémité, que larges dans leur diamètre transversal le plus grand ; un peu émoussées et peu ou à peine relevées à l'angle huméral ; convexes ; densement pointillées ; noires ; à onze stries ; à cinquième intervalle externe élargi en ligne courbe à son côté interne depuis la base jusqu'au niveau de la dilatation latérale, généralement aussi large que le troisième externe ; creusées chacune d'une fossette subapicale et d'une dépression subpostéro-latérale ; habituellement chargées, en devant de la fossette subapicale, d'un petit tubercule sur les cinquième à septième intervalles externes ; garnies de duvet comme il a été dit. *Repli* aussi large que le postépisternum, vers la base de celui-ci. *Ailes* non développées. *Prosternum* plus large que long. *Postépisternum* de moitié plus étroit en arrière qu'en avant. *Dessous du corps* noir ; très-brièvement pubescent ; pointillé sur le ventre, assez finement sur la poitrine. *Pieds*, *cuisses* et *tibias*, noirs : *tarses* d'un rouge brun : troisième article de ceux-ci muni en dessous d'une sole membraneuse, parfois peu développée chez la ♀.

Cette espèce se trouve dans les Alpes, les Pyrénées, en Alsace et dans quelques autres parties orientales de notre pays. Elle est plus commune ou moins rare en Suisse et dans diverses parties de l'Allemagne.

Byrrhus luniger, Germar. *Brièvement ovale ; convexe ; noir. Prothorax presque glabre sur les côtés ; paré, de chaque côté de la ligne médiane, au moins d'une bande de duvet mi-doré divisé postérieurement en deux branches. Elytres non relevées aux épaules ; en ogive sur leur seconde moitié ; à onze stries (les 2e et 3e internes unies et nulles après la moitié) ; revêtues d'un duvet d'un brun doré ; parées de deux bandes transverses d'un duvet cendré, unies à leurs extrémités vers le quart du 5e intervalle interne l'antérieure en ligne transverse, du 8e au 6e intervalle interne, arquée en arrière de ce point à la suture : la bande postérieure, obliquement dirigée en arrière jusqu'aux quatre septièmes du 2e ou 3e intervalle interne, anguleuse-*

ment dirigée en avant sur la suture ; parées sur les 2e, 4e, 6e et 8e intervales internes d'une bande de duvet noir velouté, interrompue par les bandes cendrées transverses et souvent réduite à des taches. Ailes nulles.

Byrrhus luniger. GERMAR, Raise nach Dalmat. p. 186. 40, pl. 8, fig. 7.— PANZ., Faun. Germ. 110. 8 (peu exacte). — DUFTSCH. Faun. Austr., t. III, p. 10 15. — STEFFAHNY, Monog. Byrrh., p. 12. 7. — ERICHS. Naturg. Ins. Deutsch., t. III, p. 480. 6. — L. REDTENB., Faun. Austr., 2e édit., p. 406.
Byrrhus Dianæ. STURM, Faun. Germ., t. II, p. 93. 3.

Var. A. Bandes transverses de duvet cendré des élytres indistinctes.

Byrrhus lineatus. PANZ., Faun. Germ., 110. 10. (Suivant un type existant dans la collection de M. Chevrolat.)

Long. 0,0078 à 0,0095 (3 l. 1/2 à 4 l. 1/4). — Larg. 0,0052 à 0,0067 (2 l. 1/3 à 3.)

Corps brièvement ovale, en ogive sur la seconde moitié des élytres; noir ou d'un noir brun, en dessus. *Tête* noire ; pointillée ; rayée sur le front d'une ligne transverse souvent obsolète ; grossièrement ponctuée sur le labre. *Antennes* variant du brun au noir. *Prothorax* deux fois et demie aussi large à la base que long sur la ligne médiane ; faiblement bissinué à la base ; finement ponctué ; noir, presque glabre sur les côtés ; paré de duvet mi-doré constituant, de chaque côté de la ligne médiane, tantôt une bande naissant du bord antérieur et postérieurement divergente ; tantôt paraissant former de chaque côté de la ligne médiane deux bandes unies en devant et dont l'externe seule est divisée postérieurement en deux branches divergentes ; tantôt enfin n'offrant que d'une manière confuse le dessin normal, dont les intervalles sont garnis d'un duvet obscur plus fin. *Ecusson* triangulaire ; noir, velouté. *Elytres* à peine ou à peu près aussi larges aux épaules que le prothorax à sa base ; trois fois au moins aussi longues, que lui sur sa ligne médiane ; offrant des deux cinquièmes à la moitié leur plus grande largeur ; à peine plus longues ou à peine aussi longues depuis l'angle huméral jusqu'à l'extrémité, que larges dans leur diamètre transversal le plus grand ; peu élevées à l'angle huméral qui est assez vif ; convexes ; rayées de 11 stries, dont les 2e et 3e se réunissent et s'arrêtent vers la moitié de leur longueur; pointillées ou finement ponctuées; garnies d'un duvet mi-doré dans l'état frais, souvent plus pâle sur les intervalles alternes, et passant au brun ou brun noir chez les individus qui ont souffert; parées de deux bandes transverses, de duvet cendré, unies à leurs extrémités sur le quart un peu plus de la longueur du 5e intervalle externe (ou 8e intervalle interne) de chaque étui : la bande antérieure d'abord en ligne transverse, du 8e intervalle interne au 6e de chaque élytre, puis arquée en arrière du 6e intervalle à la suture qu'elle rejoint vers le tiers antérieur de la longueur de celle-ci : la bande postérieure, obliquement dirigée du 8e intervalle interne au 3e ou au 2e de chaque étui, vers les trois cinquièmes de la longueur de ces intervalles, et constituant ensuite un angle légèrement dirigé en avant sur la suture; ornées sur les 8e, 6e, 4e et 2e intervalles internes de chaque étui, d'une bande d'un duvet noir velouté, interrompue par les bandes d'un duvet cendré ordinairement à peine prolongée jusqu'aux deux tiers, et parfois réduite à des taches; creusées d'une fossette subapicale assez faible ou assez souvent peu marquée : la dépression subpostéro-latérale, à peine indiquée. *Repli* ordinairement d'un rouge de cuir, au moins à la base; aussi large ou un peu moins large que le postépisternum, vers la base de celui-ci. *Dessous du corps* ordinairement noir, parfois d'un rouge brunâtre, surtout sur le ventre, quand le pygmentum n'a pas eu le temps de se développer; pointillé sur le ventre, assez finement ponctué sur la poitrine. *Prosternum* plus large que long. *Pieds* noirs. 3e article des tarses ordinairement muni en dessous d'une très-courte sole membraneuse chez le ♂ : cette sole habituellement nulle chez la ♀.

Patrie : Les Alpes de la Corinthie, de l'Autriche, de la Styrie, de la Bavière.

Obs. Le *B. luniger* se distingue des premières espèces par ses élytres à 11 stries distinctes; des *B. similaris* et *ornatus* par sa taille un peu plus faible; par ses élytres plus constamment non relevées aux épaules; par les stries de celles-ci droites ou non flexueuses; par les 2e et 3e à partir de la suture très-apparentes unies à leur extrémité, vers la moitié environ de la longueur des étuis; par la couleur du duvet dont les étuis sont garnis, et par la forme de la 2e bande transversale.

Byrrhus aurovittatus; Reiche. *Ovale ou ovale oblong, convexe. Prothorax brun; garni d'un duvet cendré flave mi-doré. Elytres non ou à peine relevées et non émoussées à l'angle huméral; d'un cinquième plus longues que larges, prises ensemble ; à onze stries sur chacune ; à intervalle juxta-sutural postérieurement relevé en carène : les 3e 4e et 5e externes presque égaux, au tiers de leur longueur ; brunes, souvent d'un rouge testacé sur les côtés ; les intervalles impairs garnis d'un duvet cendré flavescents : les 2e, 4e, 6e et 8e, à partir de la suture revêtus d'un duvet jaune flave mi-doré. Repli à peine aussi large que le postépisternum à sa base. Ailes nulles. Dessous du corps et pieds d'un rouge brunâtre. 3e article des tarses sans sole membraneuse en dessous.*

Byrrhus aurovittatus. (Rische). Mulsant et Ch. Rey, Ann. de la Soc. linn. de Lyon, t. XVI (1868), p. 284.

Long. 0,0100 (4 l. 1/2). — Larg. 0,0048 à 0,0051 (2 l. 1/8 à 2 1/3).

Corps ovale ou ovale oblong ; convexe, pubescent, en dessus. *Tête* assez finement ponctuée ; garnie d'un duvet cendré flavescent; marquée d'une ligne transverse sur le milieu du front. *Labre* fortement ponctué et poilu. *Antennes* d'un rouge brunâtre. *Prothorax* deux fois aussi large à la base que long sur sa ligne médiane ; assez finement ponctué; garni d'un duvet médiocrement serré, d'un cendré flave mi-doré. *Ecusson* noir ou brun, revêtu d'un duvet d'un flave mi-doré. *Elytres* aussi larges en devant que le prothorax à sa base ; trois fois aussi longues que lui ; non émoussées et à peine ou point relevées à l'angle huméral; offrant vers la moitié ou un peu moins de leur longueur leur plus grande largeur ; d'un cinquième moins larges, prises ensemble, dans leur diamètre transversal le plus grand, que longues depuis l'angle huméral jusqu'à l'extrémité ; brunes et passant souvent au rouge brun ou au rouge testacé sur les côtés ; à peine ponctuées ou pointillées ; rayées chacune de onze stries imponctuées ou peu distinctement ponctuées : la 4e et surtout les 2e et 3e à partir de la suture, plus courtes ; à 3e intervalle externe peu dilaté, au niveau de la dilatation latérale, presque égal aux 4e à 8e externes, ou à peine plus large : le juxta-sutural constituant avec son pareil un carène vers l'angle sutural : les autres intervalles plans : les 2e, 4e, 6e et 8e à partir de la suture, revêtus d'un duvet jaune flave mi-doré : les autres garnis d'un duvet cendré flavescent. *Repli* d'un rouge testacé ; à peine aussi large ou un peu moins large que le postépisternum, vers la base de celui-ci. *Ailes* peu développées. *Prosternum* un peu plus long que large. *Dessous du corps* brun ou d'un brun rouge sur la poitrine, d'un rouge testacé sur le ventre; brièvement pubescent. *Pieds* d'un rouge brun ou brunâtre : 3e article des tarses sans sole membraneuse, en dessous.

Patrie : le Piémont. (Collect. Reiche).

Obs. Nous n'avons eu sous les yeux qu'un seul exemplaire de cet insecte, et d'après la largeur du repli des élytres nous supposons les ailes peu développées, sans avoir osé soulever les élytres. Par son repli à peine aussi large ou un peu moins large que le postépisternum, vers la base de ce dernier, par ses élytres à onze stries distinctes, par le 3e intervalle externe de ses étuis peu dilaté, et surtout par son prosternum au moins aussi long que large, le *B. aurovittatus* conduit naturellement aux Byrrhes de la seconde division, à laquelle il semble appartenir sous certains rapports.

AA. *Repli des élytres* une fois environ plus étroit que le postépisternum, vers la base de celui-ci. *Prosternum* plus long que large. *Elytres* à onze stries. *Ailes* développées. *Tarses* à troisième article sans sole membraneuse en dessous.

B. Bord externe du repli des élytres distinct jusqu'à son extrémité, formant le bord marginal des étuis. Dessus du corps non hérissé de soies, non revêtu d'écaillettes ou de poils squammiformes (s. g. *Byrrhus*).

α. Elytres offrant du tiers aux trois cinquièmes de leur longueur deux ou trois bandes communes ou rangées transverses de taches d'un duvet variant du roux testacé au cendré, constituant postérieurement sur la suture un arc ou un angle dirigé en avant.

β. Tête non parée sur sa partie postérieure de deux courtes bandes longitudinales de duvet, divergentes d'arrière en avant. Elytres sans bande basilaire de duvet ; offrant les première et deuxième rangées transverses de taches de duvet ordinairement séparées à leurs extrémités par une tache noire, sur le huitième intervalle de chaque élytre. *Pilula.*

ββ. Tête parée sur sa partie postérieure de deux bandes

longitudinales de duvet, divergeantes d'arrière en avant. Elytres parées d'une bande basilaire de duvet mi-doré; offrant les deux bandes transverses suivantes de duvet cendré ou mi-doré, unies extérieurement par une tache commune située sur le cinquième intervalle interne. *Quadrifasciatus.*

αα. Elytres offrant du tiers aux trois cinquièmes de leur longueur deux ou trois bandes ou rangées transverses de duvet cendré ou mi-doré (confondues parfois en une seule plus développée); terminées extérieurement par une tache sur le huitième intervalle, et constituant postérieurement un arc commun et obtus, dirigé en arrière.

γ. Prothorax marqué, vers les trois septièmes de la ligne médiane, d'une tache noire transverse; paré de chaque côté de la ligne susdite de deux bandes de duvet cendré ou mi-doré, couvrant les deux tiers médiaires du bord antérieur, et constituant sur la partie dorsale un réseau confus. Elytres ordinairement parées de deux bandes ou rangées transverses de duvet. Antennes à dernier article subarrondi. *Arictinus.*

γγ. Prothorax marqué sur les trois septièmes antérieurs de sa ligne médiane d'une tache noire en triangle allongé; n'offrant, de chaque côté de la ligne médiane, qu'une bande de duvet naissant du bord antérieur et postérieurement divergente. Elytres parées ordinairement de trois bandes transverses : l'intermédiaire, ordinairement roussâtre, plus développée, enclose par les deux autres : celles-ci, grèles, le plus souvent cendrées et réduites à des rangées de taches. Antennes à dernier article à triangle allongé. *Dorsalis.*

BB. Bord externe du repli des élytres non distinct jusqu'à l'extrémité : le bord interne paraissant former le bord marginal des étuis. Dessus du corp hérissé de soies noires, médiocrement longues, peu rapprochées, couvert d'écailles ou poils squamiformes. Elytres ordinairement parées de deux bandes transversales de duvet étendues jusqu'au bord externe et non unies à leurs extrémités (s. g. *Porcinolus*). *Murinus.*

Sous-genre *Byrrhus*.

A la tête de cette division se place l'espèce suivante :

Byrrhus depilis, GRAELLS. *Ovale oblong, noir ; glabre, en dessus. Prothorax rebordé lattéralement à peu près jusqu'aux angles postérieurs ; densement et finement ponctué. Elytres densement pointillées ; à onze stries étroites, bordées d'une très-légère ligne élevée : la 2e prolongée seulement jusqu'aux trois cinquièmes ou deux tiers. Dessous du corps et poils noirs : ongles fauves.*

Byrrhus depilis. GRAELLS, (Memorias de la Comision, etc. (1858), p. 59.

Long. 0,090 (45). —Larg. 0,0089 (2 l. 2/3).

Corps ovale-oblong; convexe. *Tête* noire; densement et assez finement et obsolètement ponctuée; marquée sur le tiers médiaire de la largeur du front, d'une ligne transverse, souvent courbée en arrière. *Labre* grossièrement ponctué. *Antennes* noires. *Prothorax* muni latéralement d'un rebord prolongé à peu près jusqu'aux angles postérieurs; bissinué à la base, avec les angles postérieurs moins prolongés en arrière que la partie antescutellaire de la base ; une fois environ plus large à la base que long sur la tige médiane ; convexe ; noir; finement et densement ponctué. *Ecusson* noir; en triangle à côtés curvilignes; plus large que long. *Elytres* non relevées aux épaules; offrant vers les deux tiers de leur longueur leur plus grande largeur ; marquées d'une fossette subapicale et d'une dépression subpostéro-latérale presque aussi prononcée; convexes; noires ; densement pointillées; rayées chacune de onze stries étroites, bordées extérieurement ou paraissant chargées d'une légère ligne élevée : la 1re strie à partir de la suture unie postérieurement à la 11e : la 2e à peine prolongée jusqu'aux deux tiers, souvent unie à la 3e : les 6e et 7e et 9e et 10e ordinairement unies à leur extrémité : les autres, subterminales. *Repli* une fois au moins plus étroit que le postépisternum à la base de celui-ci. *Prosternum* à peine plus long que large. *Dessous du corps* noir; paraissant subsquammuleusement ponctué, un peu plus finement sur le ventre que sur la poitrine. *Pieds* noirs; *tarses* rapeux. *Ongles* fauves.

Patrie : L'Espagne, le Portugal. (Coll. Perroud).

Obs. Nous avons vu dans la collection de M. Reiche des Byrrhes ayant le port et tous les caractères du *B. depilis*, dont ils diffèrent par leurs élytres offrant quelques traces d'un duvet brun ou brun fauve, et par les intervalles des stries des étuis moins aplanis ou légèrement convexes.

En serait-il du *B. depilis*, comme du *Pyrenaeus*, dont l'état normal est d'avoir le dessus du corps garni d'une pubescence peu serrée, mais qu'on trouve presque toujours complètement glabre? Nous sommes tentés de le croire; ces individus qui sembleraient, au premier coup d'œil, devoir constituer une espèce particulière (*B. pubipennis*), ne sont probablement aussi que l'état normal du *B. depilis*.

Byrrhus Dennii; Curtis. *Obovatus, capite, prothoraceque nigro-maculato, scutello elytrorumque interstitiis alternis aureo-tomentosis, tibiis anticis sensium dilatatis, palpis maxillaribus articulo ultimo subsecuriformi.*

Byrrhus Dennii (Kirby), Curtis, Brit. Entom., t. III, pl. 135. — Steph. Illustr. brit. Entom., t. III, p. 136. 2. — Id., Manual, p. 146. 1174. — Erichs. Naturg. d. Ins.-Deutsch., t. III, p. 481. 8. — Bach, Kaeferfaun., p. 292. 5. — L. Redtenb., Faun. Austr. 2e édit., p. 406.

Long. 0,0090 (4 l.).

Oboviforme; convexe, noir. *Antennes* noires, conformées comme chez le *B. pilula*. *Palpes maxillaires* à dernier article élargi et largement tronqué. *Tête* couverte de points très-serrés; marquée sur le milieu du front d'une faible ligne transversale sur laquelle se montrent deux points jaunes, transparents; garnie d'un duvet jaune d'or brunâtre, et gris sur les côtés. *Prothorax* finement et densement ponctué; légèrement ridé sur les côtés qui sont un peu relevés; rayé d'une raie légère sur la ligne médiane; garni d'un duvet brun clair doré; paré de plusieurs taches de duvet noir situées sur les côtés de la ligne médiane; les unes après les autres, et d'une quatrième tache placée plus en dehors près de la tache médiane de la rangée précédente. *Elytres* ponctueusement et finement striées; parées sur les intervalles 1e, 2e, 4e, 6e et 8e à partir de la suture, d'une bande longitudinale de duvet d'un jaune brun doré, non prolongée jusqu'à l'extrémité : celles des 1e, 4e, 6e intervalles interrompues par une tache ponctiforme noire : les taches des 1e et 6e intervalles situées avant la moitié de la longueur et celles du 4e après la moitié. *Ailes* développées. *Dessous du corps* et *pieds* noirs, garni d'un duvet peu serré, fin et gris. *Tibias antérieurs* graduellement élargis vers l'extrémité. 3e article des tarses sans sole membraneuse en dessous.

Patrie : Environs de Berlin.

Je ne puis, ajoute Erichson, réunir ce Byrrhus, dont je ne possède qu'un exemplaire, ni avec le *B. pilula*, ni avec le *B. fasciatus*, et quoique je possède plusieurs centaines de ces dernières espèces, je n'ai pas vu des intermédiaires sous le rapport de la forme. Cet insecte est d'une structure plus large que le *B. pilula* et proportionnellement pas aussi large postérieurement que le *B. fasciatus;* il est également plus gros que l'un et l'autre; il se rapproche du *fasciatus* par ses tibias qui vont en s'élargissant, mais il s'en distingue aisément par le dernier article élargi des palpes maxillaires, qui est encore plus largement tronqué que chez le *pilula*. Il s'éloigne de ce dernier par la couleur de son duvet. Les intervalles qui chez ce dernier et autres espèces voisines portent des bandes de duvet noir, sont ici d'un jaune d'or, et le duvet du prothorax qui chez le *pilula* est complètement noir est d'un jaune pur chez lui.

L'insecte figuré par Curtis se rapporte sans aucun doute à l'espèce dont je viens de donner la description; il en diffère seulement en ce que les bandes d'un jaune doré des élytres ne sont pas raccourcies, et en ce que les taches noires forment une petite bande transverse sur le milieu du dos.

Tels sont les détails donnés par Erichson. D'après la description de cet auteur, le *B. Dennii* aurait beaucoup d'analogie avec le *B. aurovittatus* de M. Reiche; mais ici les intervalles impairs sont noirs au lieu d'être seulement un peu plus pâles que les intervalles pairs, et les bandes mi-dorées dont ces dernières sont parées, sont interrompues par une tache noire.

L'entomologiste de Berlin ne parle pas du repli des élytres. Il est probable qu'il est une fois plus étroit que le postépisternum vers la base de celui-ci, caractère qui sert à distinguer les espèces ailées.

Dans la figure donnée par Curtis, le prothorax présente vers le tiers de sa longueur une tache noire, orbiculaire, et postérieurement une tache anguleuse, représentant trois côtés d'un carré obliquement situé: tache sans doute variable et formée de la réunion de deux taches susceptibles de se séparer. Les élytres sont parées sur la moitié interne ou un peu plus de chacune, vers les trois cinquièmes de leur longueur, d'une bande transverse noire interrompue.

Cet insecte a été découvert par M. Denny, auteur de la *Monographie des Pselaphides* et des *Scydmènides*, etc.

8. **Byrrhus pilula**; Linné.

Ovalaire; noir. Tête n'offrant pas postérieurement deux bandes divergentes de duvet. Elytres à onze stries; garnies d'un duvet gris fauve; parées chacune sur les 1e, 3e, 4e, 6e et 8e intervalles internes, d'une bande longitudinale de duvet noir velouté, interrompues; ornées de trois rangées transverses, formées par des taches de duvet variant du roux testacé au cendré, situées sur les mêmes intervalles précités : les deux premières rangées naissant sur le 8e intervalle : la 1e au quart : la 2e, presque aux deux cinquièmes, parfois unie à la 1e : et la 3e rangée extérieurement limitée par le 4e intervalle : chacune de ces rangées communes arquées en avant sur la suture, et croisant celle-ci : la 1e au quart, la 2e un peu avant la moitié; la troisième un peu après : les taches de ces rangées, surtout celles de la 3e, souvent obsolètes ou indistinctes.

♂ Ongles des pieds antérieurs robustes presque en forme de croc, subparallèles sur leur première moitié, incourbés sur la seconde. Dernier arceau ventral déprimé transversalement, après la moitié de sa longueur.

♀ Ongles des pieds antérieurs plus faibles, régulièrement arqués. Dernier arceau du ventre sans dépression.

Etat normal. *Prothorax* noir, presque dénudé ou garni d'un duvet pulviforme sur les côtés ; couvert sur le reste de sa surface d'un duvet ordinairement fauve mi-doré, constituant souvent un réseau épais, à mailles étroites couvrant les deux tiers médiaires du bord antérieur ; offrant vers les trois septièmes de la ligne médiane une aréole noire, transverse, et, de chaque côté de cette ligne, trois aréoles ou taches noires petites ou peu marquées. *Elytres* noires, revêtues d'un duvet gris ou gris fauve ; parées chacune sur les intervalles 1e, 2e, 4e, 6e et 8e à partir de la suture, d'une bande longitudinale de duvet noir velouté, interrompue ou réduite à des taches : celle du 1er intervalle naissant après l'écusson, ordinairement prolongée jusqu'au cinq septièmes : celle du 2e intervalle, naissant près de la base, prolongée jusqu'aux quatre septièmes : la 3e ou celle du 4e intervalle, naissant près de la base, prolongée jusqu'aux deux tiers : la 4e ou celle du 6e intervalle naissant moins près de la base : la 5e ou celle du 8e intervalle naissant au septième antérieur : ces deux dernières terminées aux deux tiers par une tache d'un noir velouté séparée de la tache précédente par un espace garni de duvet gris ou gris fauve : ces bandes entrecoupées par des taches de duvet variant du roux testacé mi-doré au cendré, constituant trois rangées transverses, interrompues sur les 7e, 5e et 3e intervalles : la 1re rangée naissant d'une tache située vers le quart du 8e intervalle, arquée en avant sur les 8e, 6e et 4e intervalles, arquée en arrière sur les 6e, 4e, 2e et 1er intervalles de chaque étui, ou constituant sur les quatre intervalles internes de chaque élytre un arc commun dirigé en avant, croisant la suture vers le quart de la longueur de celle-ci : la seconde rangée naissant vers les deux septièmes ou le tiers du 8e intervalle, ordinairement séparée de la rangée précédente par une tache noire, mais parfois unie à elle par la disparition de la petite tache noire, obliquement dirigée en arrière sur les 8e, 6e et 4e intervalles, jusqu'à la moitié ou aux quatre septièmes de ce dernier, et formant sur les quatres intervalles internes de chaque étui, une rangée commune arquée en avant, croisant la suture des deux cinquièmes aux trois septièmes de la longueur de celle-ci : la 3e rangée, formant sur les quatre intervalles internes de chaque élytre, une rangée commune arquée en avant, naissant aux trois cinquièmes ou un peu moins du 4e intervalle, et croisant la suture aux quatre septièmes de largeur de celles-ci.

Variations du prothorax.

Dans l'état le plus frais, le prothorax est presque dénudé de chaque côté, et revêtu sur le reste de sa surface d'un duvet fauve ou roux fauve mi-doré, constituant une sorte de réseau étendu sur les deux tiers médiaires du bord antérieur, offrant sept taches de duvet noir : une transverse ou en forme d'accent circonflexe, située sur la ligne médiane, un peu avant la moitié de la longueur de celle-ci, et, de chaque côté de cette ligne, trois autres, triangulairement disposées : deux près de la base : une plus antérieure.

Var. a. Quelquefois les taches triangulairement disposées sont à peine indiquées ou peu distinctes, et le prothorax, à part ses côtés presque dénudés, est revêtu d'un duvet fauve ou d'un roux fauve luisant ou mi-doré, marqué d'une tache transverse sur la ligne médiane.

Var. b. La tache transverse disparaît elle-même quelquefois ou se montre à peine apparente, et le prothorax est alors couvert d'un duvet fauve ou d'un roux fauve mi-doré, avec les côtés dénudés ou presque dénudés.

Var. d. Nous avons vu dans la collection de M. Reiche un exemplaire, provenant du département de la Lozère, dont le prothorax était dénudé, à part deux grosses tâches d'un duvet roux mi-doré, liées au bord antérieur, de chaque côté de la ligne médiane.

Var. e. Le duvet clair du prothorax au lieu d'être d'une teinte rapprochée du roux ou roux fauve, est parfois cendré.

Var. f. Prothorax plus ou moins défloré ou dénudé.

Variations des élytres.

Les élytres dans leur état le plus frais et le plus complet, sont garnies, comme nous l'avons dit, d'un duvet gris ou gris fauve; parées de lignes ou bandes longitudinales de duvet noir velouté, postérieurement raccourcies, entrecoupées ou réduites à des taches, et ornées de trois rangées transverses, extérieurement raccourcies, formées par des taches ordinairement d'un roux testacé mi-doré, situées : celles des deux premières rangées sur les huitième, sixième, quatrième, deuxième et premier intervalles internes : celle de la troisième rangée sur les premier, deuxième et quatrième ou rarement sixième intervalles internes.

Byrrhus pilula. Steffahny, Monog. Byrrh. p. 15, 9. Var D.

Obs. Dans cet état le plus avancé, les première et deuxième rangées transverses de taches d'un roux mi-doré naissent chacune sur le huitième intervalle d'une tache particulière, séparées l'une de l'autre par une petite tache d'un noir velouté ; mais parfois cette dernière a disparu et les deux taches rousses n'en forment plus qu'une; alors la tache unique témoigne par sa longueur de la réunion des deux taches primitives.

a. Dans l'état le plus complet, la bande d'un noir velouté du premier intervalle se prolonge jusqu'aux cinq septièmes de la longueur des étuis ; mais souvent sa partie postérieure disparaît, et la bande se termine alors aux quatre septièmes de la longueur.

b. Les taches de la deuxième rangée varient un peu dans leur position. Ordinairement celle du quatrième intervalle est plus postérieure; mais parfois elle constitue avec les plus internes une rangée transverse. Dans tous les cas les taches des premier et deuxième intervalles internes sont généralement situées avant la moitié de la longueur de la suture.

c. Taches de la troisième rangée transverse des élytres remplacées par une rangée de taches d'un cendré mi-argenté, situées au devant de la tache postérieure d'un noir velouté des premier, deuxième et quatrième intervalles internes.

d. Quelquefois les sixième et huitième intervalles offrent également une tache d'un cendré mi-argenté, au devant de la dernière tache d'un noir velouté.

e. Quelquefois le duvet cendré argenté couvre à peu près tout l'espace existant entre les deux dernières taches d'un noir velouté des huitième, sixième intervalles, et parfois les intervalles internes.

Souvent alors les huitième, sixième, et parfois le quatrième intervalles ont du duvet pulviforme cendré mi-argenté, après leur dernière tache d'un noir velouté.

Les septième et cinquième intervalles offrent alors ordinairement un duvet semblable sur une partie de leur tiers postérieur.

Var. B. Taches d'un roux testacé de la troisième rangée nulles ou peu distinctes.

Byrrhus pilula. LATR., Hist. nat. t. IX, p. 205, 1. pl. 28, fig. 1. — Id. Gener. t. II, p. 41, B. — GYLLENH. Ins. suec. t. I, p. 192, 1. Var. b. — STEPHENS, Illustr. t. III, p. 136, 1. — Id. Man., p. 145, 1. — STEFFAHNY, in GERMAR'S Zeitschr. t. IV, p. 15, 9. Var. D. — Id. Monogr. Byrrh. p. 15, 9. Var. D. — ERICHS., Naturg. Ins. Deutsch., t. III, p. 483. Var. C. — BACH, Kaefer Faun. p. 292, 4. — L. REDTENB., Faun. Austr., 2e édit., p. 405.
Byrrhus oblongus. STURM. Deutsch. Faun., t. II, pl. 34, *a*. A.
Byrrhus aurato-fasciatus. DUFTSCH. Faun. Austr. t. III. p. 11, 8.

OBS. Chez l'insecte décrit par le naturaliste bavarois une partie des bandes ou lignes longitudinales d'un noir velouté et interrompues se trouvaient épilées.

f. Les élytres parées des deux bandes précitées, formées de taches sont d'un duvet cendré, au lieu de l'être d'un duvet roux testacé.

Byrrhus albo-punctatus FABR., Syst. Eleuth., t. I, p. 103, 3?.
Byrrhus oblongus. STURM. Deutsch. Faun., t. II, p. 97, 5. — STEPH. Illustr. t. III, p. 137. — Id. Man., p. 146, 1176.
Byrrhus pilula. ZETTERST. Faun. lapp. 91. 1. Var. *c*. — Id. Ins. lapp., p. 128. 1. Var. *e*. — STEFFAHNY, in GERMAR'S, Zeitsch. t. IV, p. 15, 9. Var. *d*. — Id. Mon. Byrrh. p. 15, 9. Var. *d*. — ERICHS. Naturg. d. Ins. Deutsch., t. III p. 183. Var. *b* et *c*.

Var. C. Taches des première et deuxième rangées unies entre elles et couvrant l'espace qui les sépare, de manière à constituer une large bande d'un roux testacé ou d'une teinte rapprochée.

Byrrhus flavocoronatus. (WALTL.)
Byrrhus pilula. ERICHS. Naturg. d. Ins. Deutsch., t. III, p. 483.

Var. D. Elytres n'offrant parfois d'une manière distincte que l'une des deux rangées transverses formées de taches d'un roux testacé.

g. Ces taches d'un roux testacé passant au cendré.

Var. E. Elytres couvertes d'un duvet gris ou gris fauve, parées sur chacun des premier, deuxième, quatrième, sixième et huitième intervalles, à partir de la suture, d'une bande longitudinale d'un noir velouté, interrompue ou réduite à des taches ne dépassant pas les deux tiers des étuis.

Obs. Dans cette variété les taches d'un roux testacé ne sont plus distinctes.

Dermestes pilula. Linn. Faun. Suec., p. 144, 427. — De Geer., Mem., t. IV, p. 213, pl. 7, fig. 23.
La cistèle satinée, Geoff., Hist. nat., t. I, p. 116, pl. 1, fig. 8.
Byrrhus pilula. Linn., Syst. nat, t. 1, p. 568, 4. — Fabr. Entom, p. 60, 1. — Id. Syst. Eleuth., t. I, p. 103, 2. — Oliv., Entom, t II, v. 13, p. 5, pl. 1, fig. 1, 1, *a*, *b*. — Rossi, Faun. etr., t I, p. 38, 94. — Panz., Faun. Germ. 4, 3. — Illig., Kaef. Preuss., p. 90, 1. — Panz. Faun. suec., t. I, p. 73, 1. — Schohn. Syn., t. I, p. 116, 2. — Sturm, Deutsch., Faun. t. II, p. 95, 4. — Gyllenh. Ins. suec. t. I, p. 192, 1. — Duftsch. Faun. Austr. t. III, p. 12, 9. Var. D. — Curtis, Brit. Entom., t. III, p. 135. — Audouin et Brullé, Hist. nat., t. V (coléop. 2), p. 358, pl. 15, fig. 2. — Stephens, Illustr. t. III, p. 136. 1 Var. — Id. Manual, p. 146, 1173. Var. — Sahlb. Ins. fen., p. 84, 1. — Zetterst. Faun. lapp. 91, 1. — Id. Ins. lapp. t. I, p. 128, 1. — Heer, Faun. helvet., p. 445, 1. — Steffahny, in Germar's Zeitsch., t. IV, p. 14, 9. — Id. Monog. Byrr., p. 14, 9. — Erichs. Naturg. de Ins. Deutsch., t. III, p. 183. Var. *a*.

h. Dans cette variété et dans quelques-unes des précédentes le duvet gris ou gris fauve de couleur foncière passe au gris cendré mi-argenté.

i. Quelquefois les bandes d'un noir velouté des premier, deuxième, quatrième, sixième et huitième intervalles, passent au fauve ou au roux fauve.

Var. F. Elytres noires, épilées ou plus ou moins dénudées.

Byrrhus ater, Illig.. Kaef. Preuss.. p. 92, 2. — Erichs. loc. cit. Var. *h*.

Long. $0^m,0078$ à $0^m,0100$ (3 l. 1/2 à 4 l. 1/2). — Larg. $0^m,0051$ à $0^m,0064$ (2 l. 1/3 à 2 l. 7/8).

Corps ovale oblong ; convexe ; noir. *Tête* noire ; finement ponctuée ; ordinairement rayée sur le front d'une ligne transverse, parfois peu marquée ; garnie d'un duvet fauve ou d'un fauve mi-doré, épais et plus long sur la moitié médiane de sa partie postérieure, plus court sur les côtés de cette partie et sur la région située au-dessous de la ligne transverse. *Antennes* prolongées presque jusqu'aux angles postérieurs du prothorax; noires ou brunes, avec les deuxième et troisième articles souvent moins obscurs : le dernier, obtusément tronqué ou obtusément arrondi à l'extrémité. *Palpes maxillaires* à dernier article plus ou moins obtus, parfois subtronqué. *Prothorax* un peu arqué au devant, quand l'insecte est examiné perpendiculairement en dessus; bissinué et sans rebord, à sa base; avec les angles postérieurs à peine aussi ou plus prolongés en arrière que la partie médiane de celle-ci; deux fois et quart aussi large à la base que long sur sa ligne médiane; légèrement sillonné sur celle-ci; pointillé plus finement sur sa région dorsale que sur les côtés; revêtu de duvet comme il a été dit. *Ecusson* en triangle à côtés curvilignes ou presque en demi-cercle; noir, revêtu d'un duvet noir velouté, quelquefois en partie d'un fauve mi-doré. *Elytres* à peine ou à peu près aussi larges en devant que le prothorax à ses angles postérieurs; trois fois au moins aussi longues que lui; ordinairement aussi larges ou presque aussi larges dans leur diamètre transversal le plus grand que longues depuis l'angle huméral jusqu'à l'extrémité; non relevées et non obtuses aux épaules; convexes; noires; pointillées ou finement ponctuées; rayées de onze stries étroites, peu profondes, presque imponctuées ou très-finement ponctuées; revêtues de duvet et peintes comme il a été dit ; à fossette subapicale légère; à dépression subpostéro-latérale nulle. *Repli* de moitié à peine aussi large que le postépisternum à sa base. *Ailes* existantes. *Prosternum* plus long que large. *Postépisternum* trois fois aussi large en avant qu'en arrière. *Mésosternum* ordinairement relevé à son bord antérieur et formant alors après celui-ci un sillon transverse. *Dessous du corps* noir, parfois brun ou brun rouge sur le ventre; chargé de petites granulations peu rapprochées, sur le ventre ; râpeux, sur la poitrine; garni d'un duvet court luisant fauve livide. *Pieds* garnis d'un duvet pareil : cuisses et tibias noirs : tarses un peu moins obscurs : troisième article de ceux-ci non garni d'une sole membraneuse, en dessous.

Cette espèce, la plus commune de ce genre, paraît habiter toutes les provinces de la France. On la trouve dans les plaines, sur les coteaux et sur les montagnes.

Obs. Le *B. pilula* offre des variations assez nombreuses, dont quelques-unes semblent le rapprocher du *B. arietinus*. Erichson semble n'avoir trouvé, pour séparer ces deux espèces, que le caractère tiré des palpes, dont le dernier article serait en ovale tronqué dans le *pilula*, et acuminé chez le *B. arietinus*. Ce caractère nous a paru variable et incertain.

Ces deux insectes offrent dans la disposition des rangées transverses des caractères plus positifs et plus faciles à saisir.

Chez le *B. pilula*, on observe, dans son état le plus complet, trois rangées transverses, dont les deux premières sont limitées par le 8e intervalle de chaque élytre, à partir de la suture; dont la 3e s'étend seulement du 4e intervalle interne d'une élytre à celui de l'élytre opposée.

Chez le *B. arietinus*, il n'y a généralement que deux rangées transverses, formées de taches de duvet blanc ou d'un blanc cendré.

Chez le *B. pilula*, les deux premières rangées n'ont pas ordinairement une origine commune, sur le 8e intervalle à partir de la suture, ou 5e intervalle externe : chacune de ces rangées se termine extérieurement, sur cet intervalle, par une tache particulière, séparée, par une petite tache d'un noir velouté, de la tache de l'autre rangée, ou, quand la tache noire précitée fait défaut, la tache unique d'un roux testacé du 8e intervalle annonce par sa longueur qu'elle est formée de la réunion des deux taches qui sont séparées dans l'état normal.

Chez le *B. arietinus*, les deux rangées transverses s'unissent extérieurement par une tache unique située vers le tiers ou presque aux deux cinquièmes de la longueur des étuis, et par conséquent plus postérieurement que la tache de la rangée antérieure du *B. pilula*, ou plus postérieurement que la partie antérieure de la tache unique de celui-ci, quand les taches des deux rangées se trouvent unies.

Chez le *B. pilula*, alors même qu'il n'existe que deux rangées de taches, et que celles-ci sont d'une teinte cendrée, au lieu d'être d'un roux testacé plus ou moins mi-doré, la rangée antérieure croise la suture vers le quart de la longueur de celle-ci, — chez le *B. arietinus* vers le tiers.

La seconde rangée offre un caractère plus caractéristique. Chez le *B. pilula*, les taches des 4e, 2e et 1e intervalles forment avec leurs pareilles un arc commun, dirigé en avant, croisant la suture aux deux cinquièmes ou avant la moitié de la longueur. Chez le *B. arietinus*, ces mêmes taches forment un arc obtus dirigé en arrière, et croisant la suture après la moitié ou vers les trois cinquièmes de la longueur de celle-ci.

On pourrait ajouter d'autres considérations, mais les caractères en sont variables.

Ainsi chez le *B. pilula*, les élytres offrent ordinairement leur plus grande largeur vers la moitié de leur longueur ; chez le *B. arietinus*, vers les deux tiers.

La strie juxta-suturale est très-distincte jusque près de l'angle sutural chez le *B. pilula*, souvent oblitéré ou très-faible chez le *B. arietinus*. etc.

Le *B. pilula* a beaucoup plus d'analogie avec notre *B. quadrifasciatus*, que quelques entomologistes paraissent avoir confondu avec le *B. arietinus*. Les taches d'un roux testacé ou mi-doré des élytres, ont à peu près les mêmes positions ; mais dans le *B. pilula*, il n'y a que trois rangées transverses : chez le *B. quadrifasciatus*, il y a une autre rangée basilaire, étendue du 6e intervalle externe d'une élytre au même intervalle de l'autre étui.

Lorsque cette rangée basilaire manque ou est peu marquée chez le *B. quadrifasciatus*, ce dernier est encore facile à distinguer du *B. pilula*. Chez ce dernier, les deux premières rangées transverses, celles qui naissent sur le 8e intervalle, sont interrompues sur les 7e, 5e et 3e intervalles à partir de la suture ; chez le *B. quadrifasciatus* elles constituent des bandes continues.

Chez le *B. quadrifasciatus*, le duvet d'un roux fauve mi-doré du prothorax constitue un réseau plus étroit, laissant les aréoles noires plus grandes et plus distinctes : chez le *B. pilula*, ce duvet couvre souvent presque toute la partie discale du prothorax en ne laissant distinctes que la tache transverse de la ligne médiane, et parfois deux ou trois petites, de chaque côté de cette ligne.

Chez le *B. quadrifasciatus*, ce réseau de duvet présente, chez les individus en bon état, un trait de duvet naissant au devant de l'écusson et obliquement dirigé en avant, caractère que ne présentent ni le *B. pilula*, ni le *B. arietinus*.

Le *B. quadrifasciatus* se distingue d'ailleurs de ces deux dernières espèces par deux autres caractères qui lui sont particuliers :

1° La tête offre au dessus de la ligne transverse du front, deux bandes de duvet roux fauve mi-doré, naissant sur le vertex, et divergentes d'arrière en avant;

2° Les 2e et 3e bandes, ou celles qui correspondent aux deux rangées du *B. arietinus* ou aux deux rangées antérieures du *B. pilula*, naissent, non pas sur le 8e intervalle, mais d'une tache commune située sur le 9e intervalle interne ou 4e intervalle à partir du bord externe.

9. **Byrrhus quadrifasciatus**; Mulsant et Rey.

Ovalaire; noir. Tête parée postérieurement de deux bandes divergentes de duvet mi-doré. Prothorax couvert sur sa partie dorsale d'un réseau de duvet, laissant une aréole transverse noire sur la ligne médiane. Élytres à onze stries légères; garnies d'un duvet gris obscur très-court; parés chacunes sur les 1e, 2e, 4e, 6e *et* 8e *intervalles internes, d'une bande longitudinale de duvet noir velouté, interrompue; ornées de quatre bandes transverses de duvet mi-doré : l'antérieure basilaire, limitée en dehors par le* 6e *intervalle de chaque étui : les* 2e *et* 3e *extérieurement unies, naissant habituellement d'une tache de duvet située vers le quart du* 9e *intervalle : la* 4e *rangée (parfois nulle) ne dépassant pas extérieurement le* 4e *intervalle : ces trois dernières, formant sur les quatre intervalles internes de chaque étui, un angle commun avancé sur la suture. le* 1er *au quart : le second un peu avant la moitié de la moitié : le* 3e, *un peu après.*

♂ Ongles des pieds antérieurs plus robustes, presque parallèles sur leur première moitié, courbés dans la seconde. Ventre déprimé transversalement sur le dernier arceau.

Obs. Les ongles ne sont pas en forme de croc, c'est-à-dire ne sont ni si brusquement ni si fortement incourbés que chez les *B. pilula* et *arietinus*.

♀ Ongles des pieds antérieurs plus faibles, régulièrement arqués. Dernier arceau du ventre sans dépression.

État normal. *Prothorax* noir, presque dénudé ou seulement garni d'un duvet pulviforme sur les côtés; paré sur le reste de sa surface d'un réseau de duvet mi-doré, formé de quatre bandes longitudinales de duvet mi-doré naissant chacune du bord antérieur, dont elles couvrent les trois cinquièmes médiaires de la largeur. Chacune des bandes juxta-médiaires, unies sur la partie antérieure de la ligne médiane, anguleusement dirigée en dehors vers les deux cinquièmes de celle-ci; et constituant avec sa pareille un losange transverse; ces lignes réunies après cette figure, et prolongées ensuite jusqu'à la base du prothorax, soit en bordant parallèlement la ligne médiane, soit en s'écartant graduellement un peu de celle-ci : chacune des autres bandes liée au bord antérieur, plus près de la ligne médiane que du bord extérieur; ordinairement liée à la partie anguleuse de la bande juxta-médiaire, puis dirigée en dehors en se bifurquant postérieurement. Souvent orné, de chaque côté de la ligne médiane, d'un trait de duvet, naissant de la partie antéscutellaire de chaque bande juxta-médiaire et dirigé obliquement, en remontant vers la branche interne de la bande bifurquée qu'il n'atteint pas; garni de duvet noir sur les parties encloses par ce réseau.

Élytres noirs; garnies d'un duvet court, d'un gris obscur, souvent parsemées de poils bien courts d'un cendré luisant; parées chacune sur les 1e, 2e, 4e, 6e et 8e intervalles, de taches d'un noir velouté, constituant des sortes de bandes longitudinales interrompues : la 1re de ces bandes ou celle du 1e intervalle, naissant après la bande basilaire de duvet mi-doré, prolongée jusqu'aux trois cinquièmes : la 2e ou celle du du 2e intervalle, naissant de la base ou à peu près et prolongée jusqu'aux trois cinquièmes : la 3e ou celle du 4e intervalle naissant de la base et prolongée jusqu'aux deux tiers : la 4e ou celle du 6e intervalle naissant près de sa base, terminée vers les deux tiers des étuis par une tache d'un noir velouté séparée par un espace de couleur grise foncée de la tache qui suit le bord postérieur de la seconde bande transversale : la 5e ou celle du 8e intervalle, naissant au 7e antérieur de ce dernier, formée de quatre taches situées : la 1re au devant du bord antérieur de la 1e bande transverse : la 2e entre cette bande et la suivante : la 3e après le bord postérieur de la 2e bande transverse : la 4e vers les deux tiers de la longueur des étuis, séparée de la tache précédente par un espace de couleur foncière grise ; souvent notées d'un point noir, situé sur le 9e ou 10e intervalle, au niveau de cette quatrième tache : les élytres parées de quatre bandes de duvet d'un flave mi-doré ou d'un cendré flave ou mi-doré : la 1e basilaire, étendue depuis le 6e ou 5e intervalle interne d'un étui jusqu'à l'intervalle correspondant de l'autre élytre, ordinairement interrompue, sur le 4e intervalle et bordant les côtés de l'écusson : la 2e et la 3e transverses, naissant aux deux septièmes de la longueur du 3e intervalle interne ou 4e externe, d'une tache commune servant à les unir : la 2e bande ou la 2e de ces bandes transverses, constituant sur chaque élytre un arc dirigé en avant, depuis le 8e intervalle jusqu'au tiers ou un peu plus de la longueur du 4e intervalle interne, puis formant avec sa pareille un angle commun, dirigé en avant, à peine aussi avancé sur la suture que l'arc précité sur le 6e intervalle : la 3e bande ou la 2e tranverse, obliquement dirigée en arrière des deux cinquièmes du 8e intervalle aux quatre septièmes du 4e interne, en formant une ligne légèrement courbée en devant, puis, constituant avec sa pareille un angle ou un arc commun, dirigé en avant, croisant la suture un peu avant la moitié de celle-ci : la 4e bande naissant du 4e intervalle de chaque élytre et formant un angle ou un arc commun, dirigé en avant, et croisant la suture un peu après la moitié de la longueur de celle-ci.

Variations du prothorax.

Obs. Le réseau du duvet du prothorax varie dans sa couleur du roux ou du flave fauve mi-doré ou cendré mi-doré, il est généralement plus grêle, plus nettement indiqué que chez les *B. pilula* et *fasciatus*, c'est-à-dire les aréoles noires qu'il forme sont plus grandes et plus nettement indiquées.

Quand l'insecte a souffert, le prothorax est plus ou moins défloré ou épilé, et par conséquent le réseau est peu marqué.

Variations des élytres.

Var. B. Bande basilaire de duvet cendré flave mi-doré en partie épilée, nulle ou presque nulle.

Var. C. Tache de duvet d'un cendré flave mi-doré, située sur le 9e intervalle à partir de la suture et formant l'origine commune des 2e ou 3e bandes, nulle ou épilée.

Var. D. Quatrième bande parfois nulle ou peu distincte.

Long. 0,0078 à 0,0095 (3 l. 1/2 à 4 l. 1/4.) — Larg. 0,0051 à 0,0050 (2 l. 1/4 à 2 l. 1/2.)

Corps ovalaire ou ovale-oblong; convexe; noir. *Tête* noire; densement et assez finement ponctuée; ordinairement rayée sur le front d'une ligne transverse; parée de deux bandes de duvet mi-doré, naissant du vertex, divergentes d'arrière en avant, avancées jusqu'à la ligne transverse imprimée, séparées entre elles par un espace garni d'un duvet noir et court ou presque dénudé; garnie, au devant de la ligne transverse, d'un duvet mi-doré presque uniformément plus court. *Labre* grossièrement ponctué. *Antennes* prolongées presque jusqu'à l'angle postérieur du prothorax, brunes ou noires, à dernier article subarrondi à l'extrémité. *Palpes maxillaires* à dernier article ordinairement en ovale tronqué. *Prothorax* sensiblement arqué en devant quand l'insecte est examiné perpendiculairement en dessus; bissinué et sans rebord à la base, avec les angles postérieurs au moins aussi prolongés en arrière que la partie antéscutellaire de celle-ci; deux fois ou un peu plus aussi large que long sur sa ligne médiane; à peine sillonné sur celle-ci; plus finement ponctué sur la région dorsale que sur les côtés; revêtu de duvet comme il a été dit. *Ecusson* en triangle à côtés curvilignes; noir, revêtu d'un duvet noir velouté. *Elytres* à peine ou à peu près aussi larges en devant que le prothorax à ses angles postérieurs; trois fois au moins aussi longues que lui; offrant vers les deux tiers ou vers les trois cinquièmes leur plus grande largeur; d'un sixième moins larges dans ce point que longues depuis l'angle huméral jusqu'à l'extrémité; pointillées ou finement ponctuées; rayées de onze stries étroites; peu profondes et ne paraissant pas ponctuées; revêtues de duvet et peintes comme il a été dit; à fossette subapicale légère ou peu profonde, à dépression subpostéro-latérale à peine indiquée. *Repli* de moitié à peine aussi large que le postépisternum, vers la base de celui-ci. *Ailes* existantes. *Prosternum* plus long que large. *Postépisternum* subparallèle sur sa moitié postérieure et trois fois plus étroit qu'en devant. *Dessus du corps* noir; râpeux sur la poitrine et sur le 1er arceau ventral, chargé sur le ventre de petites granulations peu rapprochées, donnant chacune naissance à un poil très-court. *Pieds* : cuisses et tibias noirs : tarses brun ou d'un brun rougeâtre : 3e article de ces derniers non garni en dessous d'une sole membraneuse.

Cette espèce peu commune se trouve dans les environs de Lyon, dans ceux de Paris, et moins rarement dans le Midi, principalement dans les mousses.

Obs. Le *B. quadrifasciatus* s'éloigne des *B. pilula* et *fasciatus* par la présence, sur les élytres, d'une bande basilaire de duvet d'un flave ou roux fauve mi-doré ; par ses deux bandes suivantes naissant d'une tache commune, située au deux septièmes du 9e intervalle à partir de la suture, ou du 4e à partir du bord externe : par la disposition de ces bandes.

Il se distingue d'ailleurs du *B. pilula*, par sa tête parée sur sa partie postérieure de deux bandes divergentes de duvet mi-doré, très-nettement séparées ; par son prothorax orné d'un réseau de duvet mi-doré plus étroit, laissant plus nettement indiquées les aréoles noires formées par ce réseau; par ses élytres offrant la couleur foncière garnie d'un duvet gris obscur, au lieu d'être d'un gris fauve ; par des bandes transverses de duvet mi-doré, non interrompues sur les intervalles impairs ; par la 2e bande ou bande transverse antérieure, arrivant à la suture au quart plutôt qu'au tiers de celle-ci.

Il a sous le rapport de la teinte du duvet formant la couleur foncière des étuis plus d'analogie avec le *B. arietinus*, avec lequel il paraît avoir été confondu par quelques entomologistes; mais il s'en distingue par sa tête parée sur sa partie postérieure de deux bandes divergeantes de duvet mi-doré ; par des élytres ornées d'une bande basilaire de duvet mi-doré étendue du 5e ou du 6e intervalle interne d'un étui à l'autre ; par la 3e bande formant à partir du 4e intervalle d'une élytre, à l'intervalle correspondant, un angle ou arc dirigé en avant, au lieu de constituer un arc plus ou moins obtus dirigé en arrière ; par l'existence d'une 4e bande, formant un arc faiblement dirigé en avant, étendu d'un 4e intervalle à l'autre ; par la 3e bande ou celle qui forme avec la précédente une double bande transverse, unie à la 2e sur le 9e intervalle, et croisant la suture un peu avant la moitié au lieu de le faire vers les quatre septièmes ; par ces bandes transverses non interrompues sur les intervalles impairs, etc.

Nous avons vu, dans la collection de M. Perroud, un Byrrhe singulier, dont voici la description :

Byrrhus bilunulatus, (Perroud) *Ovalaire ; noir. Tête n'offrant pas en arrière deux bandes divergentes de duvet. Elytres à onze stries légères, garnies d'un duvet gris très-court ; parées au moins sur chacun des 4e, 6e et 8e intervalles d'une bande d'un noir velouté ; en partie réduite à des taches ; ornées de deux rangées ou bandes transverses de duvet d'un blanc mi-doré, naissant extérieurement d'une tache commune vers le tiers du 8e intervalle : la 1e arquée en arrière depuis le 6e intevalle jusqu'au tiers de la suture : la 2e arquée en arrière depuis le 8e intervalle, prolongée jusqu'au trois cinquièmes sur le 4e et remontant vers les quatre septièmes de la suture.*

Long. 0,0067 (3 l.) — Larg. 0,0039 (1 l. 3/4 l.).

Corps ovalaire ; noir. *Tête* densement et assez finement ponctuée ; garnie d'un duvet fauve mi-doré ; marquée sur le milieu du front de deux points enfoncés disposés en rangée transverse. *Labre* un peu moins finement ponctué que la partie antérieure de la tête. *Antennes* noires. *Prothorax* à peine rebordé sur les côtés ; sans rebord et bissinué à la base, avec la partie antéscutellaire de celle-ci au moins aussi prolongée en arrière que les angles postérieurs ; deux fois au moins aussi large à la base que long sur la ligne médiane ; convexe ; noir ;

densement ponctué ; paré d'un reseau formé de quatre bandes longitudinales de duvet mi-doré, naissant chacune du bord antérieur, dont elles couvrent les trois cinquièmes médiaires de la largeur : chacune des bandes juxta-médiaires unies sur la partie antérieure de la ligne médiane, anguleusement dirigée en dehors vers les deux cinquièmes de celle-ci et constituant avec sa pareille une figure en losange transverse, réunies ensuite après cette figure, et prolongées ensuite jusqu'à la base, en s'écartant graduellement un peu de la ligne médiane : chacune des autres bandes, bifurquée postérieurement. *Ecusson* en triangle plus long que large; noir, velouté. *Elytres* à peu près aussi larges en devant que le prothorax à sa base ; trois fois environ aussi longues que lui ; offrant leur plus grande largeur vers les trois cinquièmes de leur longueur ; convexes ; rayées de onze stries légères ; noires, garnies d'un duvet gris ou légèrement glacé d'un éclat argenté ; parées chacune au moins sur les 4e, 6e et 8e intervalles d'une bande longitudinale de duvet d'un noir velouté prolongée jusqu'aux cinq septièmes, mais interrompue ou réduite à des taches : ornées de deux rangées ou bandes transverses formées de taches d'un duvet blanc ou d'un duvet d'un blanc flavescent ou mi-doré : ces bandes naissant extérieurement d'une tache commune située vers le tiers ou un peu plus du 8e intervalle à partir de la suture : la bande extérieure formée de taches situées sur les 8e, 6e, 4e, 2e, et 3e intervalles : la tache du 6e intervalle plus avancée que celle du 8e : celle du 4e au niveau de cette dernière : celles des 2e et 1er intervalles graduellement plus avancés : cette rangée, arquée constituant à partir du 6e intervalle jusqu'au tiers antérieur de la suture, une rangée arquée en arrière : la seconde bande plus fortement arquée en arrière, depuis le 8e intervalle, formée de taches situées sur les 8e, 6e, 5e, 4e, 3e, 2e et 1e intervalles : la tache du 4e intervalle la plus prolongée en arrière, située aux trois cinquièmes de la longueur : celle du 1e intervalle située aux quatre septièmes. *Repli* une fois au moins plus étroit que le postépisternum, à la base de celui-ci. *Ailes* existantes. *Prosternum* plus long que large. *Postépisternum* trois fois environ plus étroit sur leur seconde moitié qu'à la base. *Dessous du corps* noir : squammeusement ponctué, à peine plus grossièrement sur la poitrine que sur le ventre. *Mésosternum* peu ou point relevé à son bord antérieur. *Pieds* noirs ; ongles fauves. 3e article des tarses sans sole membraneuse en dessous.

Patrie : La Suisse. (Coll. Perroud.)

Obs. Cet insecte s'éloigne du *B. 4 — fasciatus* par l'absence des deux bandes divergentes de la partie postérieure de la tête, par le défaut de la bande basilaire et de la tache de duvet cendré située sur le 9e intervalle ; il diffère surtout par la bande postérieure de duvet cendré des élytres, dirigée en ligne oblique et peu sinnuée, depuis le tiers ou un peu plus du 8e intervalle jusqu'au 4e, où elle se prolonge jusqu'aux trois cinquièmes au lieu des quatre septièmes de la longueur de cet intervalle, puis remontant vers la suture jusqu'aux quatre septièmes de la longueur de celle-ci. Mais cet insecte a tant d'analogie avec le 4 — *fasciatus*, qu'en admettant que les bandes de duvet de la tête, la bande basilaire et la tache du 9e intervalle ont disparu par le frottement, on est amené à croire que la 3e bande des élytres a eté épilée ou du moins n'est plus représentée que par une petite tache sur le 6e intervalle, et alors la 4e bande liée à cette petite tache constitue sur chaque élytre un arc dirigé en arrière. Les élytres ont d'ailleurs sur les deux tiers du 3e intervalle le petit point noir ou noirâtre qui se voit ordinairement chez le *B. fasciatus*, dont le *bilunulatus* semble n'être qu'une variété singulière.

9. Byrrhus arietinus ; Steffahny.

Ovalaire ; noir. Tête n'offrant pas postérieurement deux bandes divergentes de duvet. Élytres à onze stries légères ; garnies d'un duvet gris très court ; parées chacune sur les 1re, 2e, 4e, 6e *et* 8e *intervalles internes d'une bande longitudinale de duvet noir velouté, interrompue ; ornées de deux rangées de taches ou de deux bandes transverses de duvet blanc cendré ou mi-doré, extérieurement unies, naissant d'une tache de duvet, située vers le tiers du* 8e *intervalle : la rangée antérieure arquée en arrière sur la moitié interne de chaque étui, joignant la suture vers le tiers antérieur : la seconde, constituant un arc commun et obtus dirigé en arrière, coupant la suture aux quatre septièmes : ces deux rangées trans-*

formées parfois en une bande commune, quand l'espace qui les sépare est couvert comme elles de duvet blanc.

♂ Ongles des pieds antérieurs plus robustes, presque en forme de crocs. Ventre déprimé transversalement sur son dernier arceau.

♀ Ongles plus faibles, régulièrement arqués. Ventre sans dépression sur le dernier arceau.

ÉTAT NORMAL. *Prothorax* noir; garni sur les côtés d'un duvet pulviforme ou très-court d'un fauve roux luisant; revêtu sur la partie dorsale d'un duvet plus long, plus soyeux, d'un brun fauve mi-doré ou d'un fauve mi-doré, couvrant ordinairement le bord antérieur jusqu'au niveau du bord interne des yeux, constituant un espace souvent peu distinct, formé de quatre bandes, naissant du bord antérieur: les deux submédiaires contiguës à la partie médiane, qui est ordinairement subsulciforme et rayée d'une ligne : chacune des autres, souvent confondue en devant ou peu nettement séparée de la juxtamédiaire, divisée après ou vers la moitié de la longueur en deux bandes postérieurement divergentes, et parfois brunes ou noires.

Élytres noires; revêtues d'un duvet gris, d'un gris fauve ou d'un gris roussâtre très-court; parées chacune sur les intervalles 1re, 2e, 4e, 6e et 8e à partir de la suture, d'une bande longitudinale d'un noir velouté, interrompue ou entrecoupée par des taches claires: la 1re, naissant après l'écusson, variablement prolongée jusqu'aux trois cinquièmes ou aux deux tiers ou un peu plus : la 2e, naissant de la base et variablement prolongée jusqu'aux trois cinquièmes ou aux cinq septièmes: la 3e ou celle du 4e intervalle, naissant de la base ou à peu près, et prolongée jusqu'aux cinq septièmes: la 4e ou celle du 6e intervalle, naissant au huitième antérieur des étuis et parfois plus près de la base, et prolongée jusqu'aux cinq septièmes, souvent réduite, après la seconde bande transverse cendrée, à deux taches noires séparées par du duvet de couleur foncière: la 5e ou celle du 8e intervalle, réduite à trois petites taches noires: la 1re située aux deux septièmes antérieurs des étuis, séparée de la suivante par la tache blanche ou d'un blanc cendré, servant à unir les deux bandes transverses: la 3e située vers les deux tiers ou un peu plus, séparée de la précédente par du duvet de couleur foncière:

ces bandes de duvet noir entrecoupées par deux rangées transverses de taches d'un duvet blanc ou d'un blanc cendré, ordinairement interrompues sur les 7e, 5e et 3e intervalles à partir de la suture : ces deux rangées unies à leurs extrémités externes par une tache située au tiers ou au deux cinquièmes du 8e intervalle : la 1re rangée, arquée en devant sur les 8e, 6e et 4e intervalles, et arquée en arrière sur le 4e, 2e et 1er intervalles : la 1re tache joignant la suture vers les deux septièmes de la longueur de celle-ci : la 2e rangée transverse, obliquement dirigée en arrière sur les 8e, 6e et 4e intervalles : la tache du 4e intervalle située aux quatre septièmes ou un peu plus de la longueur des étuis : les taches des 4e, 2e et 1re intervalles, formant, avec leurs pareilles, une rangée commune, faiblement arquée en arrière, ou d'autres fois transverse : la tache blanche du 1er intervalle, située aux quatre septièmes ou trois cinquièmes de la longueur de la suture.

Variations du prothorax.

Obs. En général le reseau de duvet de la partie dorsale du prothorax est peu nettement dessiné, et laisse peu distinctes les aréoles ou taches noires qu'il forme.

a. La couleur du duvet couvrant la partie dorsale varie du fauve mi-doré ou du fauve roux mi-doré au cendré mi-argenté.

b. Quelquefois le duvet couvre toute la partie dorsale, en montrant à peine une tache ou aréole noire et allongée, sur les trois cinquièmes antérieurs de la ligne médiane.

c. D'autres fois, le duvet de la partie dorsale est réduit à quelques taches ou même semble être d'un duvet uniforme.

d. Quand l'insecte est épilé, le prothorax est noir et glabre.

État nomal des élytres.

Byrrhus cinctus. Sturm., Faun. Germ., t. II, p. 98. 6, pl. 34, fig. D. — Duftsch. Faun. Austr., t. III, p. 10, 6.

Byrrus Dianae. Kugelann, in Schneid. Mag., p. 520, 12. — Illig., Kaef. Preuss., p. 93. 4. — Fabr. Syst. Eleuth., t. I, p. 103, 4. — Schonh, Syn. Insect., t. I, p. 111, 3.

Byrrhus arietinus (Germar), Steffahny *in* Germar's, Zeitsch., t. IV, p. 17, 10. — Id. Monogr. Byrrh., p. 17, 10. — Bach, Kaeferfaun, p. 292, 6. — L. Redtenb., Faun. austr., 2e édit., p. 406.

Byrrhus fasciatus. Erichs. Naturg., d. Ins. Deutsch., t. III, p. 485; 10. Var. b et c.

Obs. Le duvet constituant la couleur foncière varie du gris obscur au gris fauve ou roussâtre. Parfois il est lustré d'une teinte de cendré mi-argenté avant ou après quelques-unes des taches noires veloutées situées sur la seconde moitié des étuis.

La couleur des bandes longitudinales, d'un noir velouté, passe quelquefois au fauve ou au roussâtre.

Var. B. Les taches blanches situées sur les 8e, 6e et 4e intervalles, et qui constituent les deux rangées transverses, s'étendent parfois sur les 7e, 5e et 3e intervalles, et constituent alors, en s'unissant aux précédentes, deux bandes au lieu de deux rangées.

Var. C. Rangées ou bandes transverses de duvet cendré peu distinctes ou oblitérées.

Long. 0m,0067 à 0m,0078 (3 l. à 3 l. 1/2). — Larg. 0m,0051 à 0m,0056 (2 l. 1/4 à 2 l. 1/2).

Corps ovale ou ovalaire; convexe; noir. *Tête* noire; ordinairement marquée sur le front d'une ligne transverse ou seulement de deux points; presque uniformément garnie d'un duvet fauve ou à peine plus long sur la partie postérieure, et ne formant pas sur celle-ci deux bandes divergentes d'arrière en avant; densement et assez finement ponctuée sur sa partie postérieure, moins finement ponctuée en devant. *Labre* à peine plus grossièrement ponctuée que la partie épistomale de la tête. *Antennes* prolongées presque jusqu'aux angles postérieurs du prothorax; noires, à dernier article subarrondi à l'extrémité. *Palpes maxillaires* à dernier article variablement aminci ou obtus. *Prothorax* un peu arqué en devant quand l'insecte est examiné perpendiculairement en dessus; bissinué et sans rebord à la base; avec les angles postérieurs à peine aussi prolongés en arrière que la partie médiane de celle-ci; deux fois et quart aussi large à la base que long sur la ligne médiane; en partie au moins rayé, sur celle-ci, d'un sillon apparent; densement et finement ponctué, un peu plus finement sur la partie dorsale que sur les côtés; noir; revêtu ou garni de duvet comme il a été dit. *Écusson* en triangle à côtés curvilignes, noir, revêtu d'un duvet noir velouté. *Élytres* à peine ou à peu près aussi large en devant que le prothorax à ses angles postérieurs; trois fois environ aussi longues que lui ; offrant ordinairement leur plus grande largeur après la moitié de leur longueur, moins larges dans ce point, prises ensemble, que longues depuis l'angle huméral jusqu'à l'extrémité; non relevées et non obtuses à l'angle huméral; densement et plus finement ponctuées que le prothorax sur ses côtés; rayées de onze stries étroites et légèrement ponctuées; revêtues de duvet et peintes comme il a été dit; à fossettes subapicale légère ou peu profonde; à dépression subpostéro-latérale très-faible ou nulle. *Repli* de moitié environ aussi large que le postépisternum vers la base de celui-ci. *Ailes* existantes. *Prosternum* plus long que large. *Postépisternum* subparallèle sur sa moitié postérieure et trois fois moins large qu'en devant. *Dessous du corps* noir; un peu plus finement ponctué sur le ventre que sur la poitrine; garni d'un duvet court, luisant, d'un blanc ou cendré livide. *Pieds* garni d'un duvet semblable. *Cuisses et tibias* noirs. *Tarses* souvent à peine noirs obscurs ou bruns : 3e article de ceux-ci non muni en dessous d'une sole membraneuse.

Cette espèce habite la plupart des provinces de la France. On la trouve sous les pierres, parmi les mousses des bois, au pieds des arbres, etc.

Obs. Le *B. arietinus* est facile à distinguer du *B. pilula* par la direction de la seconde bande ou rangée transverse des élytres, constituant un arc commun et obtus dirigé en arrière, ou transverse entre le 4e intervalle interne de chaque élytre, au lieu de former sur la suture un arc ou un angle commun dirigé en avant; par cette seconde bande croisant la suture plus postérieurement que chez le *pilula*; par ses deux bandes ou rangées transverses unies extérieurement par une tache commune, au lieu de naître chacune d'une tache particulière.

Sous ce dernier rapport, il a plus d'analogie avec le *B. quadrifaciatus* mais il s'en distingue par sa tête uniformément pubescente, au lieu d'offrir deux bandes de duvet divergeant d'arrière en avant; par le réseau de duvet du prothorax n'offrant pas une ligne de duvet naissant au devant de l'écusson et obliquement dirigée dans la direction de l'angle antérieur du segment; par ses élytres n'offrant pas, à la base, une bande de duvet d'un roux fauve mi-doré extérieurement raccourcie ; par les deux bandes suivantes unies extérieurement par une tache située sur le 8e intervalle au lieu de l'être sur le 5e ; par la seconde des bandes transverses unies, obtusément arquée en arrière, au lieu de former sur la suture un arc ou un angle dirigé en avant.

La plupart des entomologistes considèrent comme une espèce particulière le *B. fasciatus* de Fabricius, qui peut être caractérisé de la manière suivante :

Ovalaire; noir. Tête n'offrant pas postérieurément deux bandes divergeantes de duvet. Élytres à onze stries légères; garnies d'un duvet très-court; parées chacune sur les 1e, 2e, 4e, 6e et 8e intervalles internes d'une bande longitudinale de duvet noir, interrompue ; ornées d'une bande transverse commune, de duvet blanc cendré, ou cendré roussâtre, ou d'un roux testacé, étendue jusqu'au 8e intervalle de chaque étui, vers le tiers de la longueur de celui-ci, sinuée ou échancrée en arrière à son bord antérieur sur chaque élytre, depuis le 4e intervalle jusqu'au tiers de la suture, constituant à son bord postérieur un arc dirigé en arrière, obtus ou transverse entre le 4e intervalle de chaque étuis, et croisant vers les quatre septièmes ou trois cinquième de la longueur de celle-ci.

Mais les individus ainsi vêtus ne semblent être encore qu'une variété du *B. arietinus* chez laquelle l'espace compris entre les deux rangées ou bandes transverses de celui-ci, a été recouvert de duvet, pour constituer une bande unique dont la teinte varie, et couvrant la suture du tiers environ aux quatre septièmes ou un peu plus de la longueur de celle-ci.

Obs. Les bandes longitudinales de duvet d'un noir velouté des 8e, 6e et 4e intervalles, montrent encore ordinairement des traces de leur existence, sur cette large bande d'un duvet cendré ou de teinte variable.

Var. D. Bande des élytres formée de duvet cendré.

Byrrhus fasciatus, Oliv., Entom., t. II, no 13, p. 6, 2, pl. 1, fig. 2. — Erichs. Naturg. d. Ins. Deutsch., p. 485, 10. Var. e.

Byrrhus dorsalis, Panz. Faun. Germ., 104, 3 (non le texte).

Var. E. Semblable à la variété précédente, mais offrant la bande transverse des élytres formée d'un duvet roussâtre, d'un roux testacé ou d'un roux fauve.

Byrrhus fasciatus, Fabr., Entom. Syst., t. I, p. 85, 4. — Id. Syst., Eleuth., t. I, p. 103, 4. — Erichs. l. c. Var. d. — Bach, Kaeferfaun., p. 292, 2, L. Redtenb. Faun. austr., 2e édit., p. 406.

Byrrhus dorsalis, Sturm, Deutsch. Faun., t. II, p. 101, 9. — Duftsch., Faun. Austr., t. III, p. 41, 7.

Obs. Chez ces diverses variétés du *B. fasciatus*, le dessin du prothorax diffère peu de ce qu'il est dans l'état normal; il constitue un large réseau sur lequel les quatre bandes naissant du bord antérieur sont confondues sur ce bord dont elles couvrent les deux tiers médiaires: les deux bandes latérales se divisent postérieurement en deux branches divergentes. Les taches noires constituant les mailles de ce réseau sont parfois peu distinctes.

Au *B. fasciatus* se rattache une variété singulière qui semblerait devoir constituer une espèce particulière (*B. hastatus*), qui diffère surtout des variétés précédentes par le dessin de son prothorax.

Celui-ci est noir, paré sur sa ligne médiane d'une bande longitudinale de duvet très-noir, constituant un fer de lance ou un triangle sur sa moitié antérieure et une bande sur la postérieure. De chaque côté de cette partie médiane, il est orné d'une bande de duvet cendré mi-doré, unie à sa pareille sur le bord antérieur, couvrant, prises ensemble, les trois cinquièmes médiaires de la largeur de celui-ci et bifurquée postérieurement. Le dessin des élytres est à peu près analogue aux autres exemplaires de la Var. D.

L'un des exemplaires, qui ont passé sous nos yeux, provient de Nyons (Drôme) (coll. Reiche); l'autre, des montagnes de la Guadarrama (Espagne) (coll. Perris).

M. Fairmaire a décrit, dans le catalogue de M. Grenier, sous le nom de *B. decipiens*, un insecte dont il a donné la description suivante:

Ovatus, niger fusco-tomentosus, prothorace fulvomaculosus; elytris vittis interruptis atro-holosericeis, cinereo plagiatis, dorso striga duplici flexuosa albida; palpis maxillaribus articulo ultimo rotundato.

Long. 7-9 millim.

Byrrhus decipiens FAIRMAIRE, *in* GRENIER, catal., p. 74, 93.

Ressemble extrêmement au *Pilula* par la coloration, mais la forme est beaucoup plus courte, plus élargie et plus brusquement arrondie en arrière; les angles postérieurs du corselet sont plus prolongés; l'écusson paraît moins arrondi; les élytres sont bien plus fortement déclives en arrière; le mésosternum n'offre pas la forte impression transversale qu'on remarque près le bord antérieur. chez le *Pilula*; il est aussi plus court que le *fasciatus*, dont il se distingue facilement par le dernier article des palpes maxillaires, non acuminé; mais le dessin des élytres est identique.

Patrie : Le Canigou (v. Bruck).

M. Fairmaire, en comparant son *B. decipiens* avec le *Pilula*, a dû nécessairement le trouver très-différent de celui-ci : ces deux insectes, en effet, n'ont pas de ressemblance, surtout par le dessin des rangées transverses des élytres.

Quant au *B. arietinus*, son caractère distinctif n'est pas d'avoir le dernier article des palpes maxillaires acuminé, comme l'a dit Erichson; car beaucoup d'individus, surtout les ♀, ont cet article en ovale tronqué et même parfois fortement.

Les exemplaires assez nombreux du *B. decipiens* que nous avons eu sous les yeux ne nous ont pas paru différer spécifiquement du *B. arietinus*. La couleur foncière du duvet des élytres est fauve ou d'un brun fauve au lieu d'être d'un gris noir; la rangée transverse antérieure est parfois peu ou moins arquée en arrière depuis le 6e intervalle jusqu'à la suture; la rangée transverse postérieure est en arc moins obtus, caractère qu'on retrouve chez divers exemplaires de l'*arietinus*; la bande longitudinale veloutée noire du 6e intervalle s'unit quelquefois avec celle du 4e, par une bande obliquement transverse située au devant de la rangée transverse antérieure.

A part ces différences qui sont variables, cet insecte nous semble avoir tous les caractères du *B. arietinus* et n'en être qu'une variété pyrénéenne.

Le *B. decipiens* présente aussi des variétés qui s'observent chez le *B. arietinus*.

Var. *A*. Rangées transverses de duvet cendré des élytres en partie oblitérées ou réduites à quelques taches.

Byrrhus decipiens, Fairmaire, l. c. Var. B.

Var. *B*. Rangées transverses de duvet cendré des élytres nulles ou peu distinctes.

Obs. Les bandes longitudinales de duvet noir velouté sont parfois alors presque entières ou peu interrompues.

Var. *C*. Bandes longitudinales de duvet noir en partie épilées ou réduites à quelques taches.

Obs. Les bandes transverses de duvet cendré sont alors aussi ordinairement en partie épilées.

Fairmaire, l. c. Var. C.

Obs. Nous en avons vu un exemplaire chez lequel la bande antérieure des élytres de duvet cendré mi-doré, au lieu de former sur chaque étui un arc dirigé en arrière et remontant vers la suture, constituait, à partir du 6e intervalle interne, un arc commun dirigé en arrière, croisant la suture un peu avant la moitié de la longueur, tandis que la bande postérieure parallèle à la première dont elle était très-rapprochée croisait la suture un peu après la moitié. Le 6e intervalle ne présentait, comme le 8e, qu'une seule tache de duvet cendré flavescent, unissant les deux bandes. Cet insecte, qui semblerait constituer une espèce particulière (*B. conjunctus*), n'est vraisemblablement qu'une variété anormale du *B. decipiens*. — Pyrénées (coll. Godart).

Var. C. Rangées en bandes transverses de duvet cendré peu distinctes ou oblitérées.

10. Byrrhus dorsalis; Fabricius.

Ovalaire · noir prothorax garni sur le dos d'un réseau de duvet d'un roux fauve mi-doré, offrant une tache noire en triangle allongé sur les trois septièmes antérieurs de la ligne médiane, et de chaque côté de celle-ci, une bande de duvet naissant du bord antérieur postérieurement bifurquée. Elytres rétrécies à partir de la moitié; à onze stries, garnies d'un duvet gris noir très-court; parées chacune sur les 1er, 2e, 4e, 6e et 8e intervalles internes d'une bande longitudinale de duvet noir, veloutée, interrompue; ornées de trois bandes transverses de duvet; l'intermédiaire roussâtre ne dépassant pas extérieurement le 5e intervalle, parfois nulle; les 1re, et 3e, roussâtres ou cendrées, unies extérieurement par une tache située au tiers du 8e intervalle; l'antérieure ondulée, croisant la suture aux deux septièmes; la postérieure en arc obtus dirigé en arrière, croisant la suture aux trois cinquièmes; à fossette subapicale, nulle; antennes à dernier article en triangle un peu tronqué.

♂ Ongles des pieds antérieurs plus robustes, courbés presque en forme de crocs, à partir des deux cinquièmes basilaires de leur longueur. Ventre déprimé transversalement sur le dernier arceau.

♀ Ongles des pieds antérieurs plus grêles, régulièrement arqués. Ventre sans dépression transversale sur le dernier arceau.

Etat normal. *Prothorax* noir: paré de chaque côté de la ligne médiane d'une bande longitudinale de duvet d'un roux mi-doré ou d'un flave roux mi-doré, divisée chacune vers la moitié de la longueur en deux bandes divergentes. Ces bandes laissant entre elles, sur les trois septièmes antérieurs de la longueur du segment, un espace ou une tache noire en triangle allongé; presque contiguës ensuite sur la partie postérieure; garni d'un duvet noir et court sur les autres parties de la surface non occupées par le duvet d'un roux mi-doré.

Elytres noires, garnies d'un duvet court gris, noir ou mélangé de quelques poils courts d'un cendré luisant; à onze stries; ornées chacune sur les 1er, 2e, 4e, 6e et 8e intervalles, d'une bande longitudinale de duvet d'un noir velouté, interrompue ou réduite à des taches, la 1re ou la juxta-suturale, naissant après l'écusson, ordinairement prolongée jusqu'aux deux tiers; la 3e ou celle du 4e intervalle naissant de la base ou à peu près et prolongée jusqu'aux trois quarts; celle du 4e intervalle naissant moins près de la base et prolongée jusqu'aux trois quarts; celle du 8e intervalle, naissant au cinquième de la longueur, terminée aux deux tiers, par une tache noire veloutée, séparée de la tache précédente par un duvet foncier gris-noir ; parées, dans l'état le plus complet de trois bandes transverses communes : la bande antérieure et la postérieure, grêles, formées d'un duvet variant du roux pâle mi-doré ou d'un blanc cendré, unies à leurs extrémités externes, naissant d'une tache commune située sur le 8e intervalle, au tiers ou un peu plus de la longueur de celui-ci : la bande antérieure, transversalement un peu onduleuse, moins avancée sur les 8e et 4e intervalles internes de chaque élytre que sur les 6e, 1er et parfois 2e intervalles, croisant la suture aux deux septièmes environ de la longueur de celle-ci, souvent moins apparente sur les 3e, 5e et 7e intervalles : la bande postérieure, obliquement dirigée du tiers ou un peu plus du 8e intervalle aux trois cinquièmes du 4e intervalle, puis transversalement étendue entre le 4e intervalle interne de chaque élytre, croisant la suture aux trois cinquièmes ou un peu plus ; la 2e bande, formée d'un duvet roux ou roussâtre, plus développée dans le sens de la longueur, variablement étendue du 5e ou du 4e intervalle interne d'une élytre à l'intervalle correspondant de l'autre étui, un peu arquée en arrière et légèrement onduleuse à ses deux bords.

Variations du prothorax.

Obs. Le duvet du dessin du dos du prothorax varie du roux mi-doré au roux cendré ou au cendré roussâtre.

Quand l'insecte a été plus ou moins défloré, ce dessin se montre incomplet, ou a disparu quand le prothorax est épilé.

Variations des élytres.

a. Élytres ornées de bandes longitudinales d'un noir velouté, interrompues ; parées de trois bandes transverses communes : l'intermédiaire, plus développée, d'un flave roussâtre ou d'un roux testacé, enclose par deux bandes plus grêles, d'un flave roussâtre, unies à leurs extrémités.

Byrrhus fasciatus, Panz., Faun. Germ., p. 32 1.

b. Semblable à la variété précédente ; mais offrant les bandes transverses antérieure et postérieure (qui enclosent la bande intermédiaire) cendrées ou d'un blanc cendré, au lieu d'être d'un flave roussâtre.

Byrrhus dorsalis, Gyllenh. Ins. Suec., t. I, p. 196, 3. — Steph. Illust. t. III, p. 137, 5. — id. Man., p. 146, 1177. — Heer, Faun. col. helv. 1, p. 447, 6. — Steffahny, in Germar's, Zeitsch., t. IV, p. 21, 13. — id. Monog. Byrrh., p. 21, 13. — Erichs. Naturg. d. Ins. Deutsch., t. III, p. 486, 11. — Bach, Kaeferfaun., p. 292, 3. — L. Redtenb. Faun. austr., 2e édit., p. 406.

c. Semblable à la variété *b* ; mais offrant la bande transverse intermédiaire d'un cendré ou blanc cendré, mi-argenté, au lieu d'être d'un flave roussâtre.

Byrrhus dorsalis, Erichs. loc. cit. Var. a.

Var. B. Élytres ornées de bandes longitudinales d'un noir velouté, interrompues ; parées d'une bande transverse commune, d'un cendré ou blanc cendré mi-argenté.

Obs. Dans cette variété, la bande médiane a pris un tel développement qu'elle s'unit aux bandes qui l'enclosent ; cependant cette bande médiane n'atteint pas ordinairement les extrémités des bandes antérieure et postérieure avec lesquelles elle se confond dans sa partie discale.

Byrrhus dorsalis, Erichs. loc. cit. Var. e.

Var. C. Élytres ornées de bandes longitudinales d'un noir velouté, interrompues ; parées d'une bande transverse d'un flave roussâtre ou d'un roux testacé.

Obs. Dans cette variété, les bandes blanches ou d'un flave roussâtre qui enclosent la bande intermédiaire, dans l'état normal, sont épilées ou peu distinctes.

Byrrhus dorsalis, Fabr., Mant., t. I, p. 38, 4. — id. Syst. Eleuth., t. I, p. 104, 7. — Oliv. Ent., t. II, n° 13, 7, 4, pl. 1, fig. 5. — Schonh. Syn. Ins., t. I, p. 111, 7. — Erichs. l. cit. Var. c.
Byrrhus fasciatus, Herbst, in Fuessly's, Arch. IV, p. 26, 4. — Illig. Kaef., Preuss., p. 92, 5. — Duftsch. Faun. Austr., t. III, p. 15, 11.
Byrrhus morio, Illig., Kaef. Preuss., p. 93. 6. — Duftsch, Faun. Austr., t. III, p. 16, 12 ?.

Var. D. Élytres parées de bandes longitudinales d'un noir velouté, interrompues et parfois obsolètes ; ornées de deux bandes ou de deux rangées transverses de duvet d'un flave roussâtre, unies à leurs extrémités.

Byrrhus dorsalis, Erichs. l. cit. Var. a.

d. Semblable à la variété précédente ; mais offrant les bandes ou les rangées d'un blanc cendré, au lieu d'être d'un flave roussâtre.

Byrrhus ater, Sturm, Deutsch., Faun. t. II, p. 99, 7.

Obs. Dans ces deux dernières variétés, la bande transverse intermédiaire est peu ou point apparente.

Var. E. Élytres n'offrant que de faibles traces de bandes longitudinales d'un noir velouté, et des bandes ou rangées cendrées transverses ; parfois complétement épilées.

Byrrhus ater. Oliv., Entom., t. II, n° 13, p. 6. 3, pl. 1, fig. 4. — Fabr. Entom. Syst., t. I, p. 85. 5.— Id. Syst. Eleuth., t. I, p. 104. 6. — Sturm, Deutsch. Faun., t. II, p. 99. 7. — Schoenh., Syn. ins., t. I, p. 111. 5.
Byrrhus dorsalis. Erichs. loc. cit., Var. *b*.

e. Élytres déflorées ; d'un brun rougeâtre ou d'un rouge brunâtre ; ainsi que l'abdomen.

Byrrhus rufipennis. Illig., Mag. I, p. 44. 6-7. — Sturm, Deutsch. Faun., t. II, p. 101. 8.
Byrrhus dorsalis, Erichs. loc. cit., Var. *f*.

Long. 0^m,0061 à 0^m,0067 (1 l. 3/4 à 3 l.). — Larg. 0^m,0036 (1 l. 2/3).

Corps ovalaire ; convexe ; noir ; pubescent. *Tête* noire ; ordinairement rayée sur le front d'une ligne transverse ; un peu moins finement ponctuée et plus sensiblement garnie de duvet d'un flave cendré mi-doré au-dessous, qu'au-dessus de cette ligne. *Antennes* prolongés presque jusqu'aux angles postérieurs du prothorax ; noires ou brunes ; le dernier article ordinairement en triangle obtus. *Prothorax* arqué en devant quand l'insecte est vu perpendiculairement en dessus ; bissinué à la base, avec les angles postérieurs un peu moins prolongés en arrière que celle-ci ; deux fois aussi large à la base que long sur sa ligne médiane ; rayé, sur celle-ci, d'un léger sillon ; densement et finement ponctué, peut-être un peu plus finement sur sa partie dorsale que sur les côtés; noir; revêtu ou garni d'un duvet comme il a été dit. *Écusson* à côtés curvilignes ou presque en demi-cercle; noir, revêtu d'un duvet velouté noir. *Élytres* à peine aussi larges ou à peu près aussi larges en devant que le prothorax à ses angles postérieurs; trois fois à peine aussi longues que celui-ci sur sa ligne médiane; offrant ordinairement près des épaules leur plus grande largeur; rétrécies à partir de la moitié de leur longueur; sensiblement moins larges dans leur diamètre transversal le plus grand que longues depuis l'angle huméral jusqu'à l'extrémité; non ou peu sensiblement relevées et peu obtuses à l'angle huméral; densement et plus finement ponctuées que le prothorax sur ses côtés; rayées de onze stries étroites et paraissant en partie chargées d'une légère ligne saillante; revêtues de duvet et peintes comme il a été dit; à fossette subapicale nulle ou peu apparente. *Repli* de moitié à peine aussi large que le postépisternum, vers la base de celui-ci. *Ailes* existantes. *Prosternum* plus long que large. *Postépisternum* trois fois aussi large en devant qu'en arrière. *Dessous du corps* noir; garni d'un duvet court; un peu râpeux ou garni sur le ventre de petits points saillants; râpeux et grossièrement ponctué sur la poitrine. *Pieds* noirs; très-finement ponctués; brièvement pubescents. *Tarses* non munis d'une sole membraneuse sous leur 3e article.

Cette espèce se trouve principalement parmi les mousses dans les forêts de pin et de sapin.

Obs. Le *B. dorsalis* a quelque analogie avec le *B. arietinus;* mais il s'en distingue par sa taille un peu plus faible; par le dernier article des antennes en triangle allongé, un peu tronqué à l'extrémité; par le dessin du duvet de la partie dorsale de son prothorax, offrant les trois septièmes antérieurs de sa ligne médiane presque dénudés ou brièvement garnis d'un duvet noir constituant une tache en triangle allongé; par le réseau de duvet ne couvrant que le quart médiaire du bord antérieur; par les deux bandes de duvet, joignant la ligne médiane, contiguës sur la seconde moitié de cette ligne; par le dessin situé de chaque côté des bandes juxta-médiaires, réduites, sur la seconde moitié, à deux lignes divergentes en arrière, anguleusement réunies en devant, et n'offrant point de prolongement jusqu'au bord antérieur; par les élytres offrant généralement, près des épaules, leur plus grande largeur, rétrécies à partir de la moitié de leur longueur; à fossette subapicale nulle ou peu marquée; par la présence de la bande intermédiaire d'un roux testacé; et alors même que cette bande fait défaut, les bandes transverses antérieure et postérieure des élytres offrent avec celles de l'espèce précédente des différences plus ou moins sensibles : l'antérieure est moins profondément sinuée sur la moitié interne de chaque élytre; la tache de duvet blanc ou testacé située sur le 2e intervalle est ordinairement au même niveau que celle du 1er chez le *B. dorsalis* et plus postérieure chez le *B. arietinus*; la bande postérieure croise la suture plus postérieurement chez celui-là que chez celui-ci; les bandes de duvet d'un noir velouté sont un plus longuement prolongées; celle du 6e intervalle est ordinairement entière depuis la dernière bande transverse.

Sous-genre *Porcinolus* (Mulsant et Rey).

11. **Byrrhus murinus**; Illiger.

Brièvement ovale; noir. Élytres rayées de onze stries: hérissées de soies noires, courtes et peu rapprochées; offrant chacune les 4e, 6e, 8e et souvent 2e intervalles à partir de la suture revêtus d'une bande longitudinale et postérieurement raccourcie, un peu saillante, d'un velouté squammuleux noir; garnies sur les autres intervalles de poils courts ou squammuliformes d'un noir gris; ornées de deux rangées transversales formées de poils squammiformes blanchâtres constituant une tache sur tous ou la plupart des intervalles; ces rangées, un peu onduleuses, croisent la suture: l'antérieure au quart ou aux deux cinquièmes: la postérieure, aux quatre septièmes ou trois cinquièmes.

♂ Ongles des pieds antérieurs plus robustes, en forme de crocs.

♀ Ongles des pieds antérieurs grêles, régulièrement arqués.

Etat normal. *Prothorax* noir, garni d'écaillettes de même couleur, qui semblent agglutinées au segment; paré, de chaque côté de la ligne médiane, de petites écaillettes cendrées, constituant parfois une bande légère et peu nettement indiquée, naissant du bord antérieur et postérieurement bifurquée; comme poudré, parfois, sur les côtés, d'écaillettes semblables : hérissé de soies noires, relevées, peu allongées, souvent peu visibles sur le disque.

Élytres noires; rayées de onze stries légères, paraissant imponctuées; garnies de poils courts et squammuliformes, noirs ou plutôt d'un noir gris; offrant les intervalles 2e, 4e, 6e et 8e sensiblement relevés et recouverts d'un duvet velouté et squammuleux d'un noir profond, constituant des bandes longitudinales noires interrompues : celle du 2e intervalle naissant à peu près de la base, prolongée presque jusqu'aux trois quarts; celle du 4e intervalle, naissant de la base, prolongée jusqu'aux quatre cinquièmes; celle du 6e intervalle, naissant un peu moins près de la base, prolongée jusqu'aux cinq sixièmes; celle du 8e intervalle, naissant au 8e antérieur, prolongée jusqu'aux deux tiers ou aux trois quarts; ornées de deux rangées de taches ou bandelettes transversales cendrées, formées de poils squammiformes : l'antérieure, naissant du bord externe de chaque élytre, en ligne transverse presque droite, sur la moitié externe de chaque élytre, sinuée sur la moitié interne, croisant la suture au quart ou aux deux cinquièmes de la longueur de celle-ci : la bande postérieure, naissant vers la moitié, ou un peu plus, du bord externe, un peu onduleuse, plus avancée sur le 6e intervalle, plus en arrière sur la suture, croisant celle-ci vers les quatre septièmes de la longueur de cette dernière; hérissées de soies noires, un peu couchées en arrière, médiocrement allongées, peu apparentes.

Variations du prothorax.

Obs. Les écaillettes cendrées ne montrent souvent, de chaque côté de la ligne médiane, que d'une manière confuse ou incomplète le dessin normal; souvent ce dessin n'est représenté que par des écaillettes cendrées, disséminées sans ordre.

a. D'autrefois enfin il ne reste plus de traces de ce dessin.

b. Quelquefois les côtés du prothorax sont noirs, au lieu d'être garnis d'écaillettes cendrées.

c. Le prothorax est parfois dénudé par le frottement.

Variations des élytres.

Obs. Les Élytres, dans l'état le plus complet, offrent les bandes transversales de duvet cendré formées d'une tache à peu près sur chacun des intervalles.

Quelquefois plusieurs intervalles manquent de la tache cendrée et ces bandes sont ainsi réduites à des rangées.

Parfois ces bandes en rangées transversales sont raccourcies à leur côté externe.

Rarement quelques taches de la rangée antérieure sont unies à quelques-unes de la postérieure.

D'autrefois ces bandes ou rangées sont devenues peu distinctes.

Les bandes longitudinales noires sont variablement prolongées à leur partie postérieure.

Ces bandes ne sont parfois distinctes que sur les intervalles 4, 6, et 8, à partir de la suture.

Les élytres sont quelquefois revêtues d'un enduit boueux, les couvrant d'une sorte de croûte.

Quand elles sont déflorées par le frottement, les stries sont très-distinctes.

Byrrhus murinus. Illig. *in* Schneid. Magaz., p. 593. 1. — Id. Kæf. Preuss., p. 95. 9. — Payk., Faun. Suec., t. I, p. 77. 3. — Panz. Faun. Germ., 23. 1. — Schœnh. Syn. Ins., t. I, p. 112 8. — Sturm, Deutsch. Faun., t. II, p. 116. 12. — Gyllenh., Ins. Suec., t. I, p. 198. 5. — Duftsch., Faun. Austr., t. III, p. 17. 5. — Stephens, Illustr., t. III, p 138. 8. — Id. Man., p. 146. 1180. — Heer, Faun. Col. helv., t. I, p. 448. 10. — Steffahny, *in* Germar's, Zeitsch., t. IV, p. 24. 19. — Id., Monogr. Byrrh., p. 24. 19. — Erichs., Naturg d. Ins. Deutsh, t. III, p. 488. 12. — Bach, Kæferfaun., p. 293. 7. — L. Redtenb. Faun. austr., 2e édit., p. 406.

Byrrhus undulatus. Kugelann, *in* Schneider's, Magaz., p. 434. 6. — Panz., Faun. Germ., 37. 14. — Illig., Kæf Preuss., p. 94. 8. — Duftsch. Faun. Aust, t. III, p. 18. 16.

Var. B. Erichson cite une variété ayant les élytres parées d'une large bande ferrugineuse, sans doute par la réunion des deux bandes transversales cendrées, dont les taches auraient passé au ferrugineux ou au roussâtre.

Byrrhus murinus. Erichs., loc. cit., Var.

Obs. Nous n'avons pas vu de variété semblable.

Var. *C*. Elytres parées chacune sur les 8e, 6e, 4e et souvent 2e intervalles internes d'une bande longitudinale interrompue, parfois peu apparente; n'offrant pas ou offrant à peine quelques traces des bandes transversales cendrées.

Byrrhus murinus. Fabr., Syst. Eleuth., t. 1, p. 104. 8.

Var. D. Elytres déflorées et souvent complétement dénudées.

Var. E. Elytres et quelques autres parties du corps incomplétement imprégnées de la matière colorante noire, d'un brun rouge ou d'un rouge brunâtre.

Long. 0^m,0039 à 0^m,0051 (1 l. 3/4 à 2 l.). — Larg. 0^m,0029 à 0^m,0033 (1 l. 1/3 à 1 l. 1/2).

Corps brièvement ovale, rétréci à ses deux extrémités, surtout à la postérieure; convexe; noir; revêtu en dessus d'écaillettes ou de poils squammiformes comme collés à la partie foncière, noirs ou d'un noir gris; souvent parsemé d'écaillettes d'un blanc flave sur les élytres; hérissé de soies noires, peu rapprochées, médiocrement allongées, redressées ou un peu couchées en arrière. *Tête* parfois marquée sur le front d'une ligne transverse; finement et ruguleusement ponctuée. *Antennes* prolongées presque jusqu'aux angles postérieurs du prothorax; noires, avec les 2e à 3e ou 4e articles d'un brun rouge; quelquefois en majeure partie de l'une de ces couleurs; à dernier article en ogive étroite, aussi long que les deux précédents réunis. *Palpes maxillaires* à dernier article comprimé, subparallèle, subarrondi ou obtusément tronqué à l'extrémité. *Prothorax* souvent sans rebord apparent sur les trois quarts antérieurs de ses côtés; arqué en devant à son bord antérieur quand l'insecte est vu perpendiculairement en dessus; sans rebord et bissinué à la base, avec les angles postérieurs à peine aussi prolongés en arrière que la partie médiane de celle-ci; deux fois et demie aussi large à la base que long sur la ligne médiane; convexe; parfois rayé d'un léger sillon sur la ligne médiane; coloré, garni de squammules, hérissé de soies, et peint comme il a été dit.

Écusson en triangle à côtés droits ou à peu près; noir, revêtu d'écaillettes noires ou mélangées à d'autres noires obscures. *Élytres* à peine aussi larges ou à peu près aussi larges en devant que le prothorax à ses angles postérieurs; trois fois au moins aussi longues que lui sur sa ligne médiane; peu élargies jusqu'aux deux cinquièmes ou trois septièmes de leur longueur, rétrécies ensuite en ligne un peu courbe, en ogive étroite postérieurement; moins larges dans leur diamètre transversal le plus grand, que longues depuis l'angle huméral jusqu'à l'extrémité; peu fortement ou médiocrement convexes sur le dos; noires; revêtues dans leur état frais de poils courts ou squammuleux noirs ou d'un noir gris sur les 1e, 3e, 5e, 7e, 9e, 10e et 11e intervalles, et d'un velouté squammuleux d'un noir profond sur les deux tiers antérieurs, au moins, des 8e, 6e, 4e et 2e internes; rayées de onze stries, rendues peu apparentes par les écaillettes dont elles sont couvertes, mais très-apparentes, étroites et comme rebordées, quand l'insecte est dénudé; parées de deux bandes ou rangées transversales, formées de taches de poils squammiformes et cendrés; et hérissé de soies noires, comme il a été dit. *Repli* de moitié à peine aussi large que le postépisternum vers la base de celui-ci; subvertical, formant avec son bord externe le bord des élytres, et offrant son bord interne raccourci postérieurement. *Ailes* existantes. *Dessous du corps* noir; garni de poils presque squammiformes très-court finement ponctué sur le ventre assez grossièrement sur le milieu de la poitrine. *Prosternum* plus long que large. *Postépisternum* d'un quart à peine aussi large à son extrémité qu'à sa base. *Pieds, cuisses et jambes* noirs. *Tarses* ordinairement d'un rouge brun; 3e article de ceux-ci non garni d'une sole membraneuse en dessous.

Cette espèce se trouve presque toute l'année parmi les mousses des forêts de chênes et dans quelques autres endroits.

Obs. Le *B. murinus* se distingue aisement des espèces précédentes par son corps revêtu en dessus d'écaillettes ou de poils squammiformes; hérissé de soies noires; par son écusson en triangle à côtés droits; par ses élytres parées de deux bandes ou rangées transversales de couleur cendrée, étendues jusqu'au bord extérieur et non unies à leurs extrémités; par le repli des élytres subperpendiculaire.

La couleur, suivant le développement de la matière colorante, varie du noir au brun ou même au brun rouge.

Chez les individus imparfaitement colorés, quelquefois le dessus du corps, en majeure partie noir, passe au brun rouge ou au rouge brun sur quelques parties du prothorax et sous chacune des bandes transverses cendrées des élytres.

Le dessus du corps varie aussi suivant le développement plus ou moins considérable des écaillettes d'un flave livide.

Byrrhus alternans ; Mulsant et Rey.

Ovale, noir. Élytres rayées de onze stries ; hérissées de soies noires courtes et peu rapprochées ; offrant chacune les 2e, 4e, 6e et 8e intervalles à partir de la suture revêtus d'une bande longitudinale postérieurement raccourcie, un peu saillante, d'un velouté squammuleux noir ou noir brun ; couvertes sur les autres intervalles de petites écaillettes ou poils squammiformes d'un blanc cendré sale ; ornées de deux rangées transversales formées de poils squammuliformes blanchâtres constituant une tache sur les 2e, 4e, 6e, 8e intervalles et plus confusmément sur les derniers : ces rangées un peu onduleuses, croisant la suture : la première, aux deux cinquièmes : la postérieure, aux trois cinquièmes.

Long. 0m,0045 (2 l.). — Larg. 0m,0029 (1 l. 1/3).

Les individus que nous avons eus sous les yeux ont le corps moins large, moins renflé que chez le *B. murinus*; ils se distinguent surtout par les élytres revêtus sur les 3e, 5e, 7e, 9e, 10e et 11e et souvent premier intervalles de poils squammiformes d'un blanc cendré sale, au lieu d'avoir ces intervalles garnis de poils courts ou squammuleux d'un noir gris. Les bandes transverses sont ordinairement peu ou point marquées sur les 1er, 3e, 5e, 7e, 9e et dernier intervalles.

Ne serait-ce qu'une variété de la précédente ?

Patrie : Le Nord de la France. (Collect. Godart).

Genre *Cytilus*, Cytile ; Erichson.

Erichson, Naturgeschichte d. Ins. Deutsch., t. III, p. 489.

Caractères. *Tarses postérieurs* au moins libres ; les antérieurs reçus dans une dépression de la face interne des tibias.

Partie antéro-latérale des flancs du postpectus et base des postépisternums non ou à peine creusés d'une dépression sensible pour loger les pieds intermédiaires dans leur contraction.

Premier arceau ventral sans dépression sensible pour loger les pieds postérieurs dans le repos.

Tibias intermédiaires obtusément arqués et garnis de poils spinosules sur leur tranche externe ; offrant leur plus grande largeur vers la moitié ou un peu plus de leur longueur.

Antennes sensiblement plus grosses sur les cinq derniers articles.

Labre apparent.

Mandibules et parties inférieures de la bouche ordinairement cachées par la partie prosternale, ou peu ou point apparentes dans l'état de repos.

Epistome ordinairement confondu avec le front.

Labre transverse, très-obtusement arqué en devant ; paraissant ordinairement séparé, par un sillon, de l'épistome.

Mandibules habituellement dentées à l'extrémité et sans dent molaire à la base.

Mâchoires à deux lobes membraneux ou coriaces garnis de poils.

Palpes maxillaires à dernier article ovalaire, souvent terminé en pointe.

Languette à peine bilobée.

Antennes insérées à découvert, près du bord antéro-interne des yeux ; logées dans le repos sur les côtés de l'antrépectus, et en majeure partie voilées alors par les pieds antérieurs ; de onze articles : le 1er, en parallélogramme ou subglobuleux, plus gros que le 2e : celui-ci moniliforme : le 3e subparallèle de moitié environ plus long que le suivant : les 4e, 5e et 6e graduellement plus gros vers l'extrémité, grossissant graduellement d'une manière très-faible : les cinq derniers sensiblement plus gros, constituant une sorte de massue : les 7e à 10e transverses ou cupiformes : le 11e plus long que les précédents, subarrondi ou en ogive à l'extrémité.

Prothorax muni latéralement d'un rebord très-étroit, prolongé, en s'affaiblissant, jusqu'aux angles postérieurs ; sans rebord et en angle très-ouvert dirigé en arrière, à la base, et plus ou moins sensiblement échancré en arc de chaque côté de la partie antescutellaire de celle-ci.

Élytres convexes ; arquées longitudinalement ; marquées de onze stries ; ordinairement sans trace de fossette subapicale et de dépression subpostéro-latérale.

Tibias un peu râpeux ou granuleux sur leur tranche externe.

Les Cytiles s'éloignent des Byrrhes par leur arrière-poitrine et leur premier arceau ventral peu ou pas sensiblement creusés de dépressions pour recevoir les pieds, dans l'état de repos, par leurs antennes dont les cinq derniers articles sont assez brusquement un peu plus gros.

La seule espèce connue de nos pays porte une livrée moins triste que celle des véritables Byrrhes, et a des habitudes un peu différentes. Elle recherche les herbes ou les mousses des marais et des prés humides ; on la trouve souvent aussi sous les déjections mi-desséchées de nos ruminants, quand la plupart des Aphodies, qui étaient venus habiter ces matières sordides, les ont quittées pour aller chercher fortune ailleurs.

1. Cytilus varius ; Fabricius.

Ovale, convexe, pubescent ; d'un noir d'airain. Élytres à onze stries : intervalles 1er, 2e, 4e, 6e et 8e à partir de la suture, ordinairement parés de taches alternantes vertes ou en partie dorées, et d'un noir velouté.

État normal. *Élytres* parées sur les intervalles 1er, 2e, 4e, 6e et parfois 8e à partir de la suture, de taches vertes ou en parties dorées, alternant avec des taches d'un duvet noir velouté ; couleur d'airain et brièvement pubescentes sur les autres intervalles, avec le 10e marqué de taches d'un noir velouté, ordinairement moins apparentes que sur les autres intervalles pairs.

Byrrhus varius. FABR., Syst. Entom., p. 60. 2. — Id. Syst. Eleuth., t. I, p. 105. 10. — OLIV., Entom., t. II, nº 13, p. 7, nº 5, pl. 1, fig. 6. — PANZ., Faun. Germ., 32. 3. — ILLIG. Kaef. Preuss., p. 93. 7. — PAYK, Faun. Suec., t. I, p. 76. 2. — LATR., Hist. nat., t. IX, p. 207. 8. — Id. Gener, t. II, p. 42. 2. — GYLLENH., Ins Suec., t. I, p. 197. 4. — STURM, Deutsch. Faun., t. II, p. 104. 11. — SCHONHERR. Syn., t. I, p 112. 11. — DUFTSCH. Faun. Austr., t. III, p. 17. 14. — ZETTERST. Faun. Lapp., 132. 5. — Id. Ins. Lapp., p. 93. 6. — HEER, Faun. Col. helvet., p. 448. 7. — STEFFAH. *in* GERMAR's, Zeitschr., t. IV, p. 28. 23. — Id. Monog. Byrrh., p. 28. 23

Dermestes pilula. DE GEER., Mem., t. IV, p. 213, pl. 7, fig. 23-26.

Byrrhus maculatus. HERBST, *in* FUESSLY's, Arch., IV, 25. 2.

Cistela sericea FORSTER, Ent., 1. 15 — MARSH., Ent. brit., p. 104. 5.

Byrrhus sericeus. STEPH., Illustr., t. III, p. 138. 6. — Id. Man., p. 146, 1178.

Cytilus varius. ERICHS., Naturg. d. Ins. Deutsch., t. III, p. 490. 1. — L. REDTENB., Fauna austr., 2e édit, p. 407. — JACQ. DU VAL, Gener., t. III, p. 64, fig. 316.

Var. α. Elytres d'un noir d'airain, avec les 1er, 2e, 4e, 6e, 8e et 10e intervalles parés de taches alternes d'un duvet noir velouté.

Cistela fusca MARSH., Entom. brit., p. 105. 7.

Byrrhus fuscus. STEPH., Illustr., t. III, p. 138. 7. — Id, Man., p. 146. 179.

Cytilus varius. Var. *a*. ERICHS., loc. cit.

Var. β. Elytres vertes ou d'un airain vert, parées sur les 1er, 2e, 4e, 6e et souvent 8e et 10e intervalles, de taches alternantes d'un noir velouté.

Cytilus varius ERICHS., loc. cit.

Var. γ. Elytres revêtues presque uniformément d'un duvet cendré doré.

Byrrhus auricomus. DUFTSCH., Faun. Austr., t. III, p. 16. 13.

Cytilus varius. ERICHS, loc. cit.

OBS. Nous n'avons pas vu cette variété.

Var. δ. Quand la matière colorante n'a pas eu le temps de se développer, le dessous du corps et les pieds sont d'un rouge brun ou brunâtre; le dessus du corps brun ou obscur, offre d'une manière plus ou moins sensible la teinte d'airain; les taches vertes et noires sont indistinctes ou à peu près.

Cistela stoica. MULLER, Zool. Dan. prodr.. p. 58. 514.

Byrrhus stoicus. KUGEL. *in* SCHNEIDER's, Mag., p. 484 5.

Long. 0m,0045 à 0m,0056 (2 l. à 2 l. 1/2). — Larg. 0m,0036 à 0m,0039 (1 l. 2/3 à 1 l. 3/4).

Corps ovale; convexe; pubescent. *Tête* assez fortement ponctuée; couleur d'airain obscur; garnie d'une courte et fine pubescence, parfois peu apparente; marquée sur le front des deux points fossettes, souvent obsolètes ou indistincts. *Antennes* noires. *Prothorax* d'un noir d'airain; plus finement ponctué que la tête; garni d'une pubescence courte et fine, offrant, dans l'état frais un mélange de couleur mi-dorée et d'un blanc d'argent; montrant souvent des taches obscures. *Ecusson* noir revêtu d'un duvet tantôt presque doré, tantôt formé d'un mélange de poils obscurs et d'un blanc luisant.

Elytres aussi larges en devant que le prothorax; trois fois au moins aussi longues que lui; obtuses ou subarrondies et non relevées à l'angle huméral; subparallèles depuis le huitième jusqu'aux quatre septièmes de leur longueur, en ogive postérieurement; convexes; rayées de onze stries; très-finement ponctuées; brièvement pubescentes; colorées et peintes comme il a été dit; sans fossette subapicale. *Repli* de moitié plus étroit que le postépisternum, vers la base de celui-ci. *Ailes* développées. *Prosternum* plus long que large. *Dessous du corps* d'un noir d'airain; plus finement ponctué sur le ventre que sur la poitrine; garni d'un duvet fin et cendré. *Pieds* de même couleur. *Tarses* parfois bruns ou brunâtres.

Cette espèce paraît habiter toutes les provinces de la France.

Obs. Dans l'état le plus complet, les élytres sont couleur d'airain ou d'airain obscur, paraissant souvent d'un airain grisâtre, par l'effet du duvet fin et cendré dont elles sont garnies; avec les 10e et 8e intervalles parés de taches altenantes d'un noir velouté : le 8e intervalle parfois vert au lieu d'être couleur d'airain, noté les taches noires : les intervalles 1er, 2e, 4e et 6e alternés de taches d'un duvet noir velouté, et de taches vertes ou en partie dorées.

Quelquefois la couleur d'airain prend une teinte verte plus ou moins sensible.

Chez d'autres individus les taches vertes sont remplacées par la couleur d'airain.

Chez les individus incomplétement colorés la couleur foncière passe au brun ou au rouge brun, surtout en dessous, et les élytres n'offrent pas ou offrent à peine des traces des taches noires; les vertes ont disparu.

Le duvet des élytres ordinairement cendré ou mélangé de brun passe parfois au cendré mi-doré.

Genre *Morychus*, Moryque; Erichson.

Erichson., Naturg. d. Ins. Deutsch., t. III, p. 491.

Caractères. *Tarses postérieurs* au moins libres: les antérieurs reçus dans une dépression de la face interne des tibias.

Partie antéro-latérale des flancs du postpectus et base des postépisternums variablement creusés ou non d'une dépression assez faible pour recevoir les pieds.

Premier arceau ventral ordinairement non ou peu déprimé dans le même but.

Tibias intermédiaires obtusément arqués et garnis de poils spinosules sur leur tranche externe; offrant leur plus grande largeur vers la moitié ou un peu plus de leur longueur.

Antennes grossissant graduellement à partir du 4e ou du 5e article.

Labre et *mandibules* apparents dans l'état de repos: pièces inférieures de la bouche en partie au moins alors cachées par la partie prosternale.

Repli des élytres subvertical, paraissant, après sa fossette basilaire, former, avec son bord interne, le bord marginal des élytres; souvent une fois au moins plus étroit après la fossette qu'à la base de celle-ci.

Obs. Chez quelques espèces on distingue plus ou moins sensiblement un épistome distinct du front.

Ajoutez: *Labre* un peu arqué en arrière à son bord postérieur, tronqué en devant; séparé de l'épistome.

Mandibules bidentées ou tridentées à l'extrémité; ordinairement sans dent molaire à la base.

Mâchoires à deux lobes : l'externe coriace; l'interne membraneux, poilu à son côté interne.

Languette courte, à peine échancrée.

Antennes insérées à découvert, entre les côtés de l'épistome et la partie antéro-interne des yeux; logées dans le repos sur les côtés de l'antépectus, et en majeure partie alors voilées par les pieds antérieurs; de onze articles : le 1er le plus gros et ordinairement le plus large : le 2e subglobuleux : le 3e subparallèle, la moitié plus long que le suivant : les 4e et 5e un peu élargis de la base à l'extrémité : les 6e à 11e, grossissant graduellement vers l'extrémité : les 6e à 10e, transverses : le 11e en ogive ou subarrondi à l'extrémité.

A. 3e article des tarses non distinctement muni en dessous d'une sole membraneuse (s. g. *Morychus*).

1. Morychus æneus; Fabricius.

Ovale-oblong. Dessus du corps d'un bronzé un peu verdâtre; marqué de points, assez rapprochés, assez gros, donnant chacun naissance à un poil couché, blanchâtre, très-apparent. Ecusson voilé par de longs poils blancs. Repli réduit à une tranche après la fossette basilaire. Dessous du corps et pieds d'un vert obscur ou noirâtre; marqué sur la poitrine et sur le ventre de points fins et rapprochés, en partie cachés sous des poils cendrés ou blanchâtres assez longs; non creusé d'une fossette sur la partie antérieure des postépisternums, ni sur les parties antéro-latérales du postpectus; déprimé sur le premier arceau ventral.

Byrrhus æneus, FABR., Syst. Entom., p. 70. 3. — Id. Syst. Eleuth., t. I, p. 103. 11. — PANZ., Faun. Germ., 91. 3. — ILLIG., Kaef. Preuss., p. 96. 11. — PAYK., Faun. suec., t. I, p. 78. 4. — LATR., Hist. nat., t. IX, p. 237. 6. — STURM, Deutsch., Faun., t. II, p. 107. 13. — SCHONH., Syn. Ins., t. I, p. 113. 12. — GYLLENH., Ins. suec., t. I, p. 101. 9. — DUFTSCH., Faun. Austr., t. III, p. 13. 17. — STEPH., Illustr., t. III, p. 271. 9. — Id. Manual, p. 143, 1181. — HEER, Faun. Coleopt. helvet., p. 449. 11. — STEFFAHNY, in GERMAR's Zeitschr., t. IV, p. 31. 26. — Id. Monogr. Byrrh., p. 31. 26.

Morychus æneus, ERICHS., Naturg. d. Ins. Deutsch., t. III, p. 192. 1. — L. REDTENB., Faun. Austr., t. II, p. 407.

Long. 0^m,0036 à 0^m,0045 (1 l. 2/3 à 2 l.)—Larg. 0^m,0022 à 0^m,0029 (1 l. à 1 1/3 l.)

Corps ovale-oblong; convexe. *Tête* d'un bronzé doré; plus finement ponctuée que le prothorax ; garnie de poils couchés, d'un blanc cendré, divergents. *Epistome* confondu avec le front. *Antennes* noires ou d'un noir bronzé. *Prothorax* tranverse; en angle dirigé en arrière et bissinué à sa base; ponctué; d'un bronzé verdâtre, garni de poils couchés, fins, en partie bronzés, en majeure partie d'un blanc cendré. *Ecusson* triangulaire, revêtu de longs poils blancs. *Elytres* à peine ou à peu près aussi larges en devant que le prothorax à ses angles postérieurs; trois fois environ aussi longues que lui ; non relevées à l'angle huméral qui est assez vif; subparallèles jusqu'à la moitié ou aux quatre septièmes de leur longueur, subarrondies postérieurement; convexes; sans stries; d'un bronzé verdâtre, luisant; marquées de points au moins aussi gros que ceux du prothorax, séparés par un espace au moins aussi grand que leur diamètre : ces points donnant chacun naissance à un poil couché assez long : ces poils en majeure partie d'un blanc cendré et en partie d'un vert bronzé. *Repli* moins large en devant que le postépisternum à la base de celui-ci, subperpendiculaire et réduit à une sorte de tranche après sa fossette basilaire, c'est-à-dire vers les deux cinquièmes de sa longueur, formant alors ses deux bords presque confondus en un seul, et l'interne formant le bord externe des élytres. *Ailes* développées. *Prosternum* subparallèle sur ses quatre cinquièmes postérieurs. *Dessous du corps* d'un bronzé obscur ou verdâtre; non creusé d'une dépression sur la partie antérieure des épisternums et sur les parties antéro-latérales des flancs de l'antépectus; légèrement déprimé de chaque côté du premier arceau ventral, pour recevoir les pieds postérieurs; marqué sur le ventre et sur la poitrine de points fins, un peu plus rapprochés sur le premier que sur le second, en partie voilés par des poils cendrés assez longs. *Pieds* ordinairement de la couleur du dessous du corps et garnis de poils couchés semblables. 3e article des tarses sans sole bien sensible, ou muni d'une sole dépassant à peine l'extrémité du quatrième article.

Cette espèce paraît assez rare en France; elle est commune, au printemps, dans certaines contrées de l'Allemagne ; on la trouve en Suisse et dans quelques parties orientales de la France. Elle nous arrive souvent à Lyon, avec les inondations du Rhône.

Obs. Elle est très-distincte de l'espèce suivante par son écusson revêtu de longs poils blancs, etc.

2. Morychus nitens; Panzer.

Ovale; convexe; variant, en dessus, du vert bronzé brillant au bronzé luisant; marqué de points, donnant chacun naissance à un poil fin, couché, peu apparent. Ecusson à peu près glabre; densement et finement ponctué. Repli des élytres offrant ses deux bords distincts après sa fossette basilaire. Dessous du corps noir ou d'un noir verdâtre fortement ponctué, brièvement pubescent. Pieds d'un rouge brun. Partie antérieure du postépisternum et parties antéro-latérales du postpectus creusés d'une fossette.

Byrrhus nitidus. Schall., Act. Hall., t. I, p. 252.
Byrrhus æneus. Oliv., Entom., t. II, n°s 13, 8, 6, pl. 1, fig. 3.
Byrrhus nitens. Panz., Faun. Germ., 25. 4. — Illig, Kaef. Preuss, p. 96. 12. — Fabr., Syst. Eleuth., t. I, p. 105. 12. — Schonh., Syn. Ins., t. I, p. 113. 3. — Sturm, Deutsh. Faun., t. II, p. 103. 14. — Duftsch., Faun. Austr., t. III, p. 20. 21. — Heer, Faun. col. helv., p. 449. 12. — Steffahny, *in* Germar's, Zeitsch., t. IV, p. 32. 27. — Id., Monog. Byrrh., p. 32. 27.
Morychus nitens. Erichs., Naturg. d. Ins. Deutsch., t. III, p. 492. 2.

Var. A. Dessus du corps au moins en partie noir ou noirâtre.

Byrrhus niger. Kugel., *in* Schneider's, Mag., p. 405. 9.

Long. 0^m,0033 (1 l. 1/2) — Larg. 0^m,0022 (1 l.)

Corps ovale; convexe; brillant, ou semi-brillant en dessus. *Tête* bronzée ou d'un bronzé verdâtre; ponctuée; presque glabre. *Epistome* confondu avec le front. *Antennes* brunes avec le premier article souvent d'un rouge brun. *Prothorax* muni d'un très-étroit rebord latéralement et sur les côtés des angles de devant; en angle dirigé en arrière et légèrement bissinué à la base; deux fois et demie aussi large à cette dernière que long sur sa ligne médiane; variant du vert bronzé au bronzé ou au bronzé verdâtre; marqué de points à peu près aussi gros et un peu moins rapprochés que ceux de la tête; presque glabre. *Ecusson* triangulaire; ordinairement d'un vert bronzé mi-doré; finement et densement ponctué; glabre ou à peu près. *Elytres* à peu près aussi larges en devant que le prothorax à sa base; trois fois au moins aussi longues que lui; offrant vers la moitié de leur longueur leur plus grande largeur, en ogive postérieurement; à peine munies sur les côtés d'un étroit rebord; convexes; variant du vert bronzé brillant au bronzé; marquées de points à peu près aussi gros que ceux du prothorax, mais à peine aussi rapprochés, séparés entre eux par des intervalles généralement aussi grands que leur diamètre et donnant chacun naissance à un poil couché très-fin, presque concolore. *Repli* à peu près aussi large en devant que le postépisternum à sa base; graduellement rétréci jusqu'à l'extrémité; subvertical et réduit à une tranche après sa fossette basilaire, c'est-à-dire après le quart ou le tiers de sa longueur et formant ainsi avec son bord interne le bord externe des élytres, mais offrant très-distinctement son bord externe jusqu'à l'extrémité. *Prosternum* plus long que large; graduellement et assez faiblement rétréci d'avant en arrière; rebordé sur les côtés; d'un noir bronzé; ponctué; garni de poils fins, courts et cendrés. *Dessous du corps* d'un noir bronzé; marqué de points assez gros sur le ventre, plus légers sur le milieu du postpectus; garni d'un duvet d'un cendré livide luisant, assez court, plus apparent sur les côtés du ventre que sur le reste. *Partie antérieure* des postépisternums et *partie antéro-latérale* des flancs du postpectus, ordinairement déprimées. *Pieds* ordinairement d'un bronzé rougeâtre, quelquefois d'un rouge obscur ou tirant sur le bronzé sur leur côté externe, d'un rouge plus ou moins brun ou brunâtre sur leur côté interne. *Tarses* sans sole membraneuse au-dessous du 3e article.

Cette espèce paraît commune dans la plupart des provinces de la France. On la trouve dans les lieux sablonneux et sur les bords des rivières.

Obs. La couleur du dessus du corps passe quelquefois au noir.

Le *M. nitens* se distingue aisément du *M. aeneus* par sa taille plus petite; par sa couleur plus claire, plus brillante; par son corps peu pubescent en dessus et en dessous; par son écusson à peu près glabre; par son prothorax moins sensiblement bissinué à la base; par le repli des élytres graduellement rétréci, laissant voir très-distinctement ses deux bords, après sa fossette basilaire; par le dessous de son corps fortement ponctué; par la partie antérieure de ses postépisternums et la partie antéro-latérale du postpectus creusées d'une dépression pour recevoir les pieds intermédiaires dans le repos.

Près de ces deux espèces viennent se placer les suivantes :

AA. Tarses munis sous le 3e article d'une sole membraneuse très-apparente (s. g. *Hypolorus*, M. et R.).

Morychus (hypolorus) modestus, KIESENWTTER. *Ovale-oblong.*

Dessus du corps convexe; peu brillant; d'un noir tirant sur le bronzé ou le verdâtre. Antennes pas plus longues que la tête. Front ponctué. Prothorax d'un noir violâtre; ponctué; parcimonieusement revêtu d'un duvet en partie blanc, en partie fauve. Écusson parcimonieusement garni d'un duvet blanc. Élytres densement ponctuées ; garnies d'un duvet fauve et clairsemé sur le dos, blanc et plus épais sur les côtés. Dessous du corps densement garni d'un duvet grisâtre. Pieds noirs : tibias linéaires, sérialement spinosules. 3e article des tarses munis d'une sole.

Morychus modestus. KIESENWETTER, Ann. de la Soc. Entomol. de France, 1851, p. 583.

Long. 0^{m},0039 (1 l. 3/4).

Cette espèce a été trouvée par M. de Kiesenwetter sous des pierres, autour du lac de Gaube, vers le pied du Vignemale, dans les Pyrénées centrales.

Nous ne connaissons pas cette espèce qui paraît avoir beaucoup d'analogie avec la suivante. Elle semble s'en distinguer par ses élytres garnies d'un duvet fauve et clairsemé sur le dos, blanc et plus épais sur les côtés; mais n'ayant pas vu les caractères distinctifs que peuvent fournir le repli des élytres, les postépisternums et les postpectus, nous ne pouvons dire si elle est véritablement distincte du *M. transylvanicus*.

Morychus (hypolorus) transylvanicus; SUFFRIAN. *Ovale-oblong. Dessus du corps convexe; d'un vert ou vert doré semi-brillant; marqué de points assez gros, médiocrement rapprochés, donnant chacun naissance à un petit poil fin, couché, obscur, peu apparent. Dessous du corps et pieds noirs, pubescent. 3e article des tarses muni d'une sole avancée jusqu'aux deux tiers du dernier article. Repli à bord externe obsolète après la fossette : son bord interne formant le bord marginal des élytres. Postépisternum et postpectus creusés, pour recevoir les pieds, d'une dépression très-marquée.*

Byrrhus transylvanicus. SUFFRIAN, *in* Stettin Entomol. Zeit., t. IX, 1848, p. 100.

Var. A. Tarses d'un rouge roux.

Morychus metallicus. CHEVROLAT, Revue et Mag. de Zool., 1865, p. 350 (type).

Long. 0m,0051 à 0m,0059 (2 l. 1/4 à 2 l. 2/3.)—Larg. 0m,0033 à 0m,0039 (1 l. 1/2 à 1 l. 3/4.)

OBS. Nous n'avons vu, chez aucun exemplaire, les traces de lignes sur les élytres dont parle l'auteur allemand.

Tête aussi finement ponctuée que le prothorax; plus sensiblement pubescente que lui. *Epistome* paraissant confondu avec le front. *Ecusson* presque glabre. *Elytres* subparallèles depuis les épaules jusqu'aux quatre septièmes, arrondies postérieurement; non relevées aux épaules. *Repli des élytres* creusé d'une fossette basilaire prolongée jusqu'à la moitié de sa longueur, deux fois plus étroit après cette fossette qu'à la base; offrant après la fossette son bord externe peu distinct et formant avec l'externe le bord marginal des étuis. *Dessous du corps* finement ponctué, surtout sur le ventre, pubescent; creusé d'une fossette à la base des postépisternums et sur la partie antéro-latérale des flancs du postpectus.

Obs. La couleur du dessus du corps varie du cuivreux doré au vert doré, ou vert bleuâtre, quelquefois avec des nuances ou des parties bleues ou violâtres.

Quand la matière colorante a été moins abondante, le repli des élytres et les tarses passent au rouge roux ou au roux brun ou brunâtre.

Morychus (hypolorus) rutilans; Motschulsky. *Ovale-oblong. Dessus du corps médiocrement convexe sur le dos. Prothorax et élytres d'un vert semi-brillant, marqués de points assez petits et assez rapprochés, donnant chacun naissance à un poil fin, couché, d'un cendré flavescent. Dessous du corps et pieds noirs, pubescents. 3e article des tarses muni d'une sole avancée jusqu'aux deux tiers du dernier article. Repli à bord externe très-apparent : l'interne formant le bord externe des élytres. Postpectus sans dépression apparente : postépisternums faiblement déprimés, pour recevoir les pieds.*

Long. 0,0056 (2 l. 1/2.) — Larg. 0,0033 (1 l. 1/2)

Tête verte sur le front et marquée de points un peu plus gros et moins rapprochés que ceux du prothorax ; dorée et densement ponctuée au-devant du front. *Epistome* paraissant distinct du front. *Elytres* subparallèles depuis les épaules jusqu'aux trois cinquièmes, subarrondies postérieurement ; très-légèrement relevées à l'angle huméral. *Repli* d'un vert obscur, creusé d'une fossette basilaire prolongée jusqu'aux deux cinquièmes ; deux fois plus étroit après celle-ci qu'à sa base ; offrant son bord externe assez distinctement visible jusqu'à la base du ventre, et le bord interne formant le bord marginal des étuis. *Dessous du corps* finement ponctué sur le ventre et revêtu d'un duvet cendré flavescent ; creusé d'une fossette sur les épimères du médipectus ; sans dépression sensible sur la partie antéro-latérale des flancs du postpectus et à la base des postépisternums.

Patrie : La Hongrie.

Obs. Nous l'avons décrit d'après deux exemplaires : l'un reçu de M. de Manderstjerna, et l'autre, envoyé à M. Reiche, par feu le comte Mannerheim.

Au rameau des Byrrhates se rattachent des insectes européens qui semblent jusqu'à ce jour étrangers à la France, et dont la place est naturellement indiquée entre les Moriques et les Simplocaries.

Steffahny a constitué avec l'une de ces espèces son genre *pédilophorus*. Erichson, en ne consultant que les organes de la vie de nutrition de ces insectes, les a réunis à son genre *Morychus*; mais ni l'un ni l'autre de ces auteurs ne semblent avoir saisi les véritables caractères qui les éloignent de ces derniers.

Le genre Pédilophore doit être admis; mais les caractères sur lesquels il a été fondé doivent être modifiés. Les espèces dont il se compose se rattachent aux Byrrhates par leurs tarses antérieurs relevés dans l'état de repos et reçus dans une dépression de la face interne de la jambe; mais ils s'en éloignent par le repli de leurs élytres graduellement et faiblement rétréci, et au moins de moitié aussi large vers les quatre cinquièmes de sa longueur qu'à la base, caractère qui ne se voit chez aucune autre espèce de ce rameau. La largeur de ce repli sert à indiquer que les élytres sont peu disposés à se relever : ce repli semble refouler le postépisternum et le réduire à une étroitesse plus grande. Enfin les Pédilophores n'ont pas la tranche externe des tibias denticulée ni garnie de poils spiniformes; ils ont donc des habitudes peu fouisseuses, analogues à celles des Simplocaries, dont ils se rapprochent encore par leurs tibias postérieurs assez médiocrement élargis d'avant en arrière et à peu près en ligne droite sur leur tranche externe.

Dans le cas où quelques-uns de ces insectes se rattachant à cette coupe seraient trouvés dans notre pays, il faudrait modifier, de la manière suivante, le tableau des Byrrhates.

Tibias

- garnis de dents, d'épines ou de poils spiniformes sur leur tranche externe.
  - Tarses tous relevés dans l'état de repos et logés dans une dépression de la face interne du tibias. Antennes grossissant graduellement à partir du 4e ou du 5e article. Partie antéro-latérale des flancs du postpectus et du premier arceau ventral creusée d'une dépression pour recevoir les pieds dans leur contraction. Mandibules cachées dans le repos. — *Byrrhus*.
  - Tarses postérieurs au moins libres, dans l'état de contraction des pieds.
    - Antennes assez brusquement plus grosses sur leurs cinq derniers articles. Partie antéro-latérale des flaucs du postpectus et du premier arceau ventral sans dépression sensible. Mandibules cachées ou peu apparentes dans le repos. — *Cytilus*.
    - Antennes grossissant graduellement à partir du 4e ou du 5e article. Partie antéro-latérale des flancs du postpectus variablement déprimée ou non. Mandibules apparentes dans l'état de repos. — *Morychus*.
- non munis d'épines ou de poils spiniformes sur leur tranche externe. Tarses postérieurs au moins libres ou à peu près, dans l'état de contraction des pieds. Mandibules apparentes dans l'état de repos. — *Pedilophorus*.

Genre *Pedilophorus*, PEDILOPHORE; Steffahny.

STEFFAHNY. Tentam. monogr. Byrrh., p. 35.

CARACTÈRES. *Tarses postérieurs* libres ou à peu près, dans l'état de repos; les antérieurs reçus au moins en partie sous la face interne des tibias, quand les pieds sont repliés contre le corps.

Tibias non munis d'épines ou de poils spinosules sur leur tranche externe; paraissant souvent rayés d'une ligne près de cette tranche; les antérieurs arqués; les postérieurs graduellement et assez faiblement élargis de la base à l'extrémité, en ligne presque droite sur leur tranche externe.

Repli des Élytres, subhorizontal, formant avec son bord externe le bord marginal des étuis; graduellement rétréci de la base à l'extrémité, au moins de moitié aussi large vers les trois quarts de sa longueur qu'à la base.

Antennes offrant ordinairement leurs cinq derniers articles assez brusquement plus gros.

Partie antéro-latérale des flancs du postpectus et du *premier arceau ventral*, et *base des postépisternums* habituellement sans dépression.

Prothorax à peine ou non sinué de chaque côté de sa partie anté-scutellaire, à sa base.

Labre et *mandibules* apparents, dans l'état de repos.

Palpes maxillaires à dernier article le plus long, en ovale-allongé ou subacuminé.

Obs. Le 3e article des tarses est muni en dessous d'une sole membraneuse, chez les espèces que nous avons eu l'occasion d'examiner.

A. Labre suborbiculaire. Epistome confondu avec le front (s. g. *Pedilophorus*.

Pedilophorus auratus; Duftschmidt. *Brièvement ovale. Dessus du corps convexe; variant du vert métallique au vert cuivreux; glabre; peu densement et assez finement ponctué. Prothorax en ligne à peu près droite à sa base. Repli des élytres et pieds d'un roux livide. Postépisternums non ou à peine prolongés d'une manière distincte jusqu'à l'extrémité de la poitrine; à peine aussi larges en devant que le tiers de la base du repli.*

Byrrhus nitens. Panz, Faun. Germ., 110. 11. — Germar, Reise., p. 188. 15.
Byrrhus auratus. Duftsch., Faun. Austr., t. III, p. 20. 20. — Brullé, Hist. nat, t. V, col. 2, p. 360.
Pedilophorus auratus. Steffahny, *in* Germar's, Zeitsch., t. IV, p. 36. 1. — Id. Monogr. Byrrh., p. 36. 1.
Morychus auratus. Erichs., Naturg. de Ins. Deutsch., t. III, p. 493. 3. — L. Redtenb., Faun. Austr, 2e édit., p. 407.

Long. 0,0045 (2 l.). — Larg. (1 l. 1/2)

Patrie : l'Autriche, la Carniole, la Carinthie, l'Illyrie, la Styrie.

Antennes rousses ou roussâtres à la base, brunes ou noirâtres sur la massue. *Ecusson* petit, en triangle aussi large que long. *Prosternum* rebordé sur les côtés. *Dessous du corps* à peu près glabre. *Tarses* à 3e article muni d'une sole prolongée jusqu'à la moitié du dernier article.

Obs. Le dessous du corps est souvent noir ou brun sur la poitrine et moins obscur sur le ventre; mais quand la matière colorante a été moins abondante, le ventre se montre souvent d'un roux pâle, et la poitrine d'un roux brun ou brunâtre.

Pedilophorus variolosus; Perris. *Ovalaire; convexe. Dessus du corps d'un vert obscur luisant; marqué sur la tête et sur le prothorax de points plus gros et plus rapprochés sur la première que sur le second: ces points donnant chacun naissance à un poil d'un livide roussâtre. Elytres presque glabres marquées de points plus gros que ceux de la tête et moins rapprochés que ceux du prothorax; offrant vers les deux septièmes leur plus grande largeur; émoussées à l'angle huméral. Antennes d'un brun de poix. Repli des élytres d'un rouge brunâtre. Poitrine et pieds d'un brun de poix verdâtre. Ventre passant au roux orangé sur les côtés.*

Morychus variolosus. Perris, Ann. Soc. Entom. de France, 4e série, t. IV, 1864, p. 281.

Long. $0^m,0026$ à $0^m,0033$ (1 l. 1/5 à 1 l. 1/2). — Larg. $0^m,0020$ à $0^m,0022$ (9/10 l. à 1 l.)

Corps ovalaire; convexe; en dessus d'un vert obscur, luisant, offrant à certain jour, sur les côtés, quelques reflets cuivreux. *Tête* marquée de gros points, séparés par des espaces moins grands que leur diamètre, et donnant chacun naissance à un poil d'un livide roussâtre. *Antennes* d'un brun de poix, avec la tige parfois plus rougeâtre. *Prothorax* muni d'un rebord très-étroit et en ligne droite sur les côtés; sans rebord et en arc dirigé en arrière, à la base; plus convexe en avant qu'en arrière, déclive aux angles de devant, qui sont invisibles quand l'insecte est examiné en dessus; marqué de points un peu moins gros et moins rapprochés que ceux de la tête, et donnant chacun naissance à un poil d'un livide roussâtre. *Ecusson* petit, glabre, en triangle subéquilatéral. *Élytres* faiblement élargies jusqu'aux deux septièmes ou un peu plus de leur largeur, rétrécies ensuite en ligne un peu courbe, en ogive subarrondie à l'extrémité ; presque glabres ou paraissant n'offrir que sur les côtés quelques poils fins et livides ; à angle huméral émoussé ; rebordées latéralement ; convexes, déprimées sur la suture après l'écusson ; marquées de points un peu plus gros que ceux de la tête, moins rapprochés que ceux du prothorax. *Repli des élytres* d'un rouge brunâtre. *Poitrine* d'un brun vert obscur ; ruguleuse, pointillée et garnie de poils d'un livide roussâtre. *Ventre* roussâtre ou d'un roux orangé sur les côtés et sur la tranche abdominale, ordinairement brunâtre sur le disque ; garni de poils assez serrés d'un livide roussâtre. *Pieds* d'un brun de poix verdâtre, plus obscur sur les cuisses. 3e article des tarses garni d'une sole, en dessous.

Patrie : l'Escurial, sous les pierres (Perris, type).

Obs. Cet insecte paraît varier, suivant les individus, sous le rapport de la taille, de la ponctuation et de la couleur de certaines parties du corps.

Nous en avons vu, dans la collection de M. Chevrolat, un exemplaire dont les points des élytres étaient à peine aussi gros que ceux du prothorax, dont les genoux et les tibias et partie au moins des antennes étaient d'un rouge roux, ainsi que le ventre.

La belle collection de M. Reiche renferme un individu qui peut être caractérisé de la sorte :

Pedilophorus rufipes. *Ovalaire ; convexe. Dessus du corps d'un vert obscur, luisant ; marqué de points gros et rapprochés sur la tête, plus petits et moins rapprochés sur le prothorax, plus petits encore, plus légers et moins rapprochés sur les élytres ; ceux de la tête et ceux des côtés du prothorax au moins donnant chacun naissance à un poil livide. Elytres glabres, offrant vers le tiers leur plus grande largeur ; à angle huméral assez vif. Repli des élytres, antennes, pieds et côté au moins du ventre d'un ronge roux.*

Long. 0m,0039 (1 l. 3/4). — Larg. 0m,0026 (1 l. 1/5).

Patrie : l'Espagne, près des neiges.

Obs. Cet insecte diffère du type de M. Perris par une taille moins petite, par ses pieds et quelques autres parties d'un rouge roux ou d'un roux orangé, par l'angle huméral des élytres assez vif au lieu d'être émoussé et surtout par les élytres marquées de points plus petits, plus légers et plus superficiels que ceux du prothorax, caractère qui lui donne une physionomie particulière. Néanmoins, cet individu offre tant d'analogie avec le *P. variolosus*, par la couleur du dessus de son corps, par les points des élytres, quoique plus petits, aussi peu rapprochés que chez ce dernier, qu'il n'en est sans doute qu'une variété.

DEUXIÈME RAMEAU

LES SIMPLOCARIATES.

Caractères. *Partie prosternale* avancée en forme de mentonnière ou de cravate, laissant à découvert le labre, les mandibules et une partie des pièces inférieures de la bouche.

Partie antépectorale moins longue que le prosternum : celui-ci subparallèle.

Tarses tous libres et non reçus dans une dépression de la face interne des tibias.

Tibias non denticulés sur leur tranche externe ; mais garnis seulement sur celle-ci de poils doux et fins : les tibias postérieurs à peine élargis de la base à l'extrémité, en ligne presque droite sur leur tranche externe.

Ce rameau est réduit en France au genre suivant :

Genre *Simplocaria*, Simplocarie ; Curtis.

Curtis, British Entomol. (1830), t. VII, pl. 325.

Caractères. Ajoutez aux précédents :

Tête subconvexement perpendiculaire ; enfoncée dans le prothorax.

Yeux au moins en partie apparents.

Epistome court mais paraissant séparé du front par une ligne légère.

Antennes terminées par une massue ordinairement de cinq articles.

Prothorax en angle très-ouvert dirigé en arrière à sa base, et à peine ou faiblement sinué entre la partie médiane de celle-ci et les angles postérieurs.

Repli des élytres graduellement rétréci depuis sa base jusqu'à l'extrémité de la poitrine, subhorizontal, formant avec son bord externe le bord marginal des étuis.

Cuisses postérieures non reçues dans une dépressions du premier arceau ventral.

Ajoutez : *Mandibules* tri ou quadridentées à leur extrémité, ordinairement garnies d'une membrane à leur bord interne, et d'une molaire à la base.

Mâchoires à deux lobes membraneux, poilus.

Palpes maxillaires à dernier article ovoïde.

Ces insectes, généralement de petite taille, ont le plus souvent le dessus de leur corps luisant et métallique. La plupart ont les élytres incomplètement striées.

A. Antennes à massue de cinq articles. (S.-g. *Simplocaria*).

Simplocaria metallica; Sturm. *Ovale-oblongue; d'un noir ou noir brun métallique, parfois moins obscur vers l'extrémité des élytres, et garni d'un duvet fin, d'un blanc cendré, et souvent disposé par mouchetures, en dessus. Elytres sans sillon sur le tiers antérieur de la suture; rayées chacun de onze stries à peine ponctuées, prolongées la plupart presque jusqu'à l'extrémité: les cinq externes très-légères: les six internes très-prononcées à la base; affaiblies postérieurement: intervalles peu densement pointillés. Repli supsrficiellement pointillé, à peine pubescent. Prosternum ponctué et pubescent. Pieds d'un rouge testacé livide.*

Byrrhus metallicus. Sturm, Deutsch. Faun., t. II, p. 111, pl. 34, fig. b. — Duftsch., Faun. Austr., t. III, p. 19. 19.

Byrrhus picipes. Gyllenh., Ins. suec., t. I, p. 200. 8.

Simplocaria picipes. Stephens, Illust., t. III, p. 140. 3. — Id. Man., p. 147, 1184. — Steffahny, *in* Germar's, Zeitschr., t. IV, p. 39. 2. — Id. Monogr. Byrrh., p. 39. 2.

Simplocaria metallica. Erichs., Naturg. d. Ins. Deutsch., t. III, p. 496. 2. — L. Redtenb., Faun. Austr., 2e édit., p. 408.

Long. 0,0029 à 0,0031 (1 l. 1/3 à 1 l. 2/5). — Larg. 0,0020 (9/10 l.).

Tête noire, un peu métallique; finement ponctuée, pubescente. *Labre* transverse. *Epistome* plus ou moins apparent. *Antennes* d'un roux testacé. *Prothorax* finement ponctué, pubescent, bissinué à la base. *Écusson* plus long que large, en triangle à côtés subcurvilignes. *Élytres* offrant un peu avant la moitié leur plus grande largeur; à 2e strie prolongée jusqu'aux trois cinquièmes : la 3e jusqu'aux trois quarts : les suivantes subterminales : les cinq dernières très-légères. *Dessous du corps* noir sur la poitrine, brun ou d'un brun rouge sur le ventre. *Repli* un peu plus large en devant que le postépisternum à sa base : celui-ci graduellement rétréci. *Pieds* d'un rouge testacé.

Patrie : l'Angleterre, l'Allemagne, le nord de l'Europe.

Obs. Cette espèce est très-distincte des autres par les stries de ses élytres prolongées presque jusqu'à l'extrémité.

Simplocaria maculosa; Erichson. *Corps ovalaire; d'un noir métallique, semi-brillant en dessus, et assez densement garni d'un duvet cendré, assez long et parfois disposé par mouchetures sur les élytres : celles-ci creusées d'un sillon sur le tiers antérieur de la suture, et chacune, sur leur moitié interne, de six autres stries sulciformes : la 1re entière : la 2e prolongée jusqu'à la moitié : les autres subgraduellement raccourcies; très-légèrement ou peu distinctement striées extérieurement. Repli et prosternum ponctués et pubescents. Pieds d'un orangé pâle.*

Simplocaria maculosa (Maerkel). Erichson. Naturg. d. Ins. Deutch., t. III, p. 495. 4. — Bach, Kæferfaun., p. 294 — L. Redtenb, Faun. Austr, 2e édit., p. 408.

Long. 0,0025 (1 l. 1/8). — Larg. 0,0014 à 0,0013 (1/2 à 3/5 l.)

Corps ovale-oblong; peu fortement convexe. *Tête* d'un noir un peu métallique; marquée de points moins rapprochés sur le disque que sur les côtés; garnie d'une fine pubescence cendrée. *Labre* assez fortement ponctué. *Antennes* d'un flave testacé; à dernier article rétréci vers l'extrémité et obtus à celle-ci. *Prothorax* en angle obtus et très-ouvert et légèrement sinué de chaque côté de sa partie anté-scutellaire, à la base; convexe; d'un noir métallique luisant ou semi-brillant; en angle ou en arc obtus, très-ouvert, dirigé en arrière, et légèrement bissinué, à sa base; convexe; finement ponctué; couvert d'un duvet cendré fin, assez long et assez épais. *Écusson* en triangle un peu plus long que large; d'un noir métallique; pubescent. *Élytres* aussi larges en devant que le prothorax à sa base; trois fois environ aussi longues que lui; offrant leur plus grande largeur vers les deux septièmes de leur longueur rétrécies ensuite en ligne un peu courbe jusqu'à l'angle sutural; peu fortement convexes sur le dos, convexement déclives sur les côtés; d'un noir métallique semi-brillant; marquées de points un peu moins fins que ceux du prothorax; couvertes d'un duvet cendré, fin, assez long, assez épais et souvent disposé par mouchetures; rayées chacune à la base, à partir de la suture, de six stries sulciformes, très-légèrement ou peu distinctement striées extérieurement : la strie juxta-suturale plus profonde sur sa seconde moitié, prolongée jusqu'à l'extrémité: la seconde prolongée souvent jusqu'à la moitié : les suivantes graduellement raccourcies : la sixième à peine prolongée au delà du huitième de la longueur des étuis; offrant également sur la suture, à partir de l'écusson, une strie sulciforme prolongée jusqu'au tiers. *Repli* d'un noir métallique; pointillé et pubescent après sa fossette basilaire; à peu près aussi large que le postépisternum, vers la base de celui-ci. *Dessous du corps* ordinairement d'un noir métallique sur la poitrine, parfois d'un brun roussâtre ou d'un fauve brunâtre sur le ventre; assez densement pubescent. *Prosternum* subparallèle; rebordé sur les côtés; ponctué; assez densement pubescent. *Postpectus* et *postépisternum* ne paraissant pas creusés d'une dépression pour recevoir les pieds dans l'état de repos. *Pieds* d'un orangé pâle; pubescents.

Cette espèce se trouve en Autriche et en Saxe.

Obs. Elle se distingue de la *S. substriata* par ses élytres offrant ordinairement vers les deux septièmes de leur longueur leur plus grande largeur; plus densement garnies de duvet; creusées de stries plus sulciformes; par la 1re strie plus profonde postérieurement; par la 2e prolongée jusque vers la moitié; par les autres subgraduellement plus courtes; surtout par la suture creusée d'un sillon sur son tiers antérieur; par le repli des élytres et par le prosternum, pubescents, etc. La couleur du dessous du corps varie suivant le développement de la matière colorante; il est parfois d'un fauve roussâtre sur le ventre.

1. **Simplocaria semistriata**; ILLIGER.

Corps ovalaire; peu densement pubescent en dessus; d'un noir métallique semi-brillant sur la tête; le prothorax et la base des élytres, passant graduellement au brun fauve et translucide, vers l'extrémité de celles-ci. Élytres rayées d'une strie juxta-suturale, et chacune, sur leur moitié interne, de cinq autres, fines, peu profondes et réduites à des traces peu ou point distinctes, après le tiers; non distinctement striées extérieurement. Repli et prosternum à peu près glabres. Pieds d'un orangé pâle.

Byrrhus picipes. OLIV., Entom., t. II, n° 13, p. 9, 9, pl. 2, fig. 9, *a?*
Byrrhus rufipes. KUGELANN, *in* SCHNEID., Mag., p. 485?
Byrrhus semistriatus (HELWIG). ILLIGER, *in* SCHNEID., Magaz., p. 594. 2. — Id. Kæf. Preuss., p. 97. 13. — FABR., Ent. System., t. IV, append., p. 487. — Id. Syst. Eleuth., t. I, p. 104. 9. — PANZ., Faun. Germ., 25. 2. — Id. Entom. Germ., p. 32. 9. — PAYK., Faun. Suec., t. I, p. 78. 5. — SCHONH., Syn. Ins., t. I, p. 112. 10. — STURM, Deutsch. Faun., t. II, p. 113. 19. — GYLLENH., Ins. Suec., t. I, p. 199. 7. — DUFTSCH., Faun. Austr., t. III, p. 21. 23.
Simplocaria semistriata. CURTIS, Brit. Entom., t. VII, pl. 335. — STEPH., Illust., t. III, p. 140. 1. — Id. Man., p. 147, 1183. — BRULLÉ, Hist. nat. des Ins. coléopt., t. II, p. 357. — HEER, Faun. Col. helvet., p. 66. 5. — STEFFAHNY, *in* GERMAR's, Zeitsch., t. IV, p. 38. 1. — Mon. Byrrh., p. 38. 1. — ERICHS., Naturg. d. Ins. Deutsch., t. III, p. 404. 1. — BACH, Kæferfaun., p. 294. 1. — L. REDTENB., Faun. Austr., 2e édit., p. 408. — J. DU VAL, Genera, pl. 64, fig. 318.

Long. 0,0029 (1 l. 1/3) — Larg. 0,0011 à 0,0013 (1/2 à 3/5 l.)

Corps ovalaire; peu fortement convexe. *Tête* d'un noir luisant ou un peu métallique; marquée de points petits, plus écartés sur le disque que sur les côtés; finement pubescente. *Labre* plus fortement ponctué,

Antennes brunes, souvent d'un brun livide sur la massue. *Prothorax* en angle ou en arc obtus, très-ouvert et dirigé en arrière, et à peine bissinué, à la base; convexe; d'un noir un peu métallique luisant; marqué de points aussi fins que ceux de la tête; garni de poils cendrés très-fins, courts et clairsemés. *Ecusson* assez petit; noir. *Élytres* aussi larges en devant que le prothorax à sa base; près de trois fois aussi longues que lui; offrant leur plus grande largeur vers le quart ou un peu plus de leur longueur, graduellement rétrécies ensuite jusqu'aux quatre cinquièmes, obtusement arrondies postérieurement; médiocrement convexes sur le dos, convexement déclives sur les côtés; d'un noir métallique à la base, passant graduellement au brun ou brun fauve subtranslucide, vers l'extrémité; marquées de points presque aussi fins que ceux du prothorax, garnies d'un duvet cendré, fin, assez court et clairsemé; rayées chacune à la base, à partir de la suture, de six stries : la juxta-suturale, plus légère sur la seconde moitié, prolongée à peu près jusqu'à l'extrémité : les autres, fines, linéaires, peu profondes et réduites à des traces, peu ou point distinctes, après le tiers de la longueur des étuis; sans stries distinctes extérieurement. *Repli* noir; lisse, glabre, après sa fossette basilaire; moins large que le postépisternum, vers la base de celui-ci.

Dessous du corps ordinairement d'un noir métallique luisant sur la poitrine, noir à la base du ventre, puis brun ou d'un brun roussâtre vers l'extrémité de celui-ci, lisse et superficiellement ponctué sur la poitrine; plus densement et moins finement ponctué sur le ventre; garni de poils fins, cendrés, peu épais. *Prosternum* subparallèle; rebordé; glabre ou à peu près. *Postpectus* noir, creusé d'une dépression sur ses parties antéro-latérales. *Postépisternum* creusé d'une dépression transverse vers sa base. *Pieds* d'un rouge flave, ou d'un orangé pâle; pubescents.

Cette espèce paraît habiter toutes nos provinces. On la trouve au pied des plantes dans les lieux humides; elle est commune aux racines des Luzernes.

Obs. Quand la matière colorante n'a pas eu le temps de se développer suffisamment, le repli du prothorax, le ventre, et même la poitrine passent au roux pâle.

Simplocaria acuminata; ERICHSON. *Ovale-oblongue; finement ponctuée, et parcimonieusement garnie de poils cendrés et fins, en dessus. Tête et prothorax d'un bronzé légèrement verdâtre, poli et brillant. Élytres d'un bronzé moins obscur, légèrement cuivreux ou d'un bronzé fauve cuivreux; offrant vers le septième de leur longueur leur plus grande largeur; subacuminées ou graduellement rétrécies presque jusqu'à l'angle sutural; rayées d'une strie juxta-suturale entière et de quelques autres très-légères, vers la base peu ou point distinctes postérieurement : les 2e et 3e au moins convergent vers la juxta-suturale : la 3e s'unissant à celle-ci vers les deux tiers. Repli, dessous du corps et pieds d'un roux livide ou testacé.*

Simplocaria acuminata. ERICHSON, Naturg. d. Ins. Deutsch., t. III, p. 496. 4.

Long. 0,0025 (1 l. 1/8). — Larg. 0,0011 (1/2 l.).

Tête bronzée ou d'un noir bronzé, brillant; marquée de points peu ou médiocrement rapprochés, moins petits que ceux du prothorax, donnant naissance à un poil duveteux, cendré, fin. *Antennes* fauves ou d'un fauve testacé à la base, bruns ou d'un brun fauve sur la massue : celle-ci fusiforme, offrant le 8e article et surtout le 7e, sensiblement moins gros, paraissant, par là, presque réduite à 3 articles; à dernier article, de moitié plus long que large, rétréci du tiers à l'extrémité, terminé en pointe. *Prothorax* en arc dirigé en arrière et à peine bissinué, à sa base; d'un bronzé légèrement verdâtre, poli et brillant, superficiellement ponctué; peu pubescent. *Ecusson* plus long que large : d'un bronzé verdâtre, presque impointillé, brillant. *Elytres* aussi larges en devant que le prothorax à sa base; trois fois aussi longues que lui; offrant vers le septième ou le sixième de leur longueur leur plus grande largeur, rétrécies ensuite jusque près de l'extrémité, de moitié au moins plus étroites au devant de celle-ci qu'à la base; convexe; d'un bronzé légèrement cuivreux ou tirant sur le fauve, poli, brillant; peu densement pointillées et garnies de poils cendrés fins et peu serrés; rayées d'une strie juxta-suturale profonde sur leur seconde moitié, et de quelques autres légères à la base et la plupart peu ou points distinctes à l'extrémité : les 2e et 3e après la suture convergent vers la juxta-suturale : la 3e se joignant à celle-ci vers le deux tiers. Repli d'un fauve testacé ou d'un roux testacé. *Dessous du corps* d'un roux testacé ou d'un roux fauve ; superficiellement pointillé ou finement ponctué, peu et finement pubescent. *Prosternum* subparallèle sur ses trois quarts postérieurs ; ponctué et rebordé. *Repli* graduellement rétréci ; plan et lisse après sa fossette basilaire ; une fois plus large que le postépisternum vers la base de celui-ci : ce dernier non creusé d'une dépression à la base. *Postpectus* sans dépression sur ses parties antéro-latérales. *Pieds* d'un roux testacé ou d'un roux fauve.

Cette espèce habite les Alpes de la Styrie.

AA. Massue des antennes de trois articles (s. g. *Trinaria*).

Simplocaria (trinaria) carpathica ; HAMPE. *Ovale-oblongue, convexe. Dessus du corps d'un vert noir brillant. Antennes et pieds d'un rouge testacé. Prothorax densement et superficiellement pointillé. Élytres offrant vers le quart de leur longueur leur plus grande largeur, rétrécies ensuite jusqu'à l'angle sutural ; très-superficiellement rugulosules ; presque impointillées ; à peine garnies de quelques poils d'un duvet fin, court, cendré, clairsemé ; offrant quelques traces d'une strie juxta-suturale.*

Simplocaria carpathica. HAMPE, Mitheil. d. siebenburg. Vereins Zu Hermanstadt, p. 222.

Long. 0,0025 à 0,0026 (1 l. 1/8 à 1 l. 1/5). — Larg. 0,0013 (3/5 l.)

Patrie : la Transylvanie.

OBS. Cette espèce est très-distincte des précédentes, par ses antennes à massue de trois articles seulement ; par ses élytres d'un vert noir ou noirâtre, à peine pointillées et n'offrant que de faibles traces d'une strie juxta-suturale.

Chez la S. *acuminata* la massue des antennes est elliptique ou fusiforme, le 8e et surtout le 7e article de ces organes sont sensiblement moins gros que les suivants. La massue paraît cependant avoir ens[...] 5 articles.

Chez la *carpathica*, la massue n'est plus visiblement que de trois articles : le 8e est à peine moins étroit que le précédent, et les trois derniers sont notablement plus gros que les 7e et 8e.

Cet insecte nous paraît donc devoir constituer une coupe particulière sous le nom de *Trinaria*.

Nous avons indiqué précédemment une partie des caractères servant à le distinguer génériquement des *Syncalypta* dont la massue des antennes n'a aussi que trois articles.

TROISIÈME FAMILLE.

LES LIMNICHIENS.

Caractères. *Antennes* relevées sur les côtés de la tête dans l'état de repos; de onze articles; terminées par une massue.

Partie prosternale contiguë, par le côté externe de ses flancs, au bord interne du repli prothoracique; rétrécie presque graduellement depuis le bord externe de ses flancs jusque près de son extrémité, en offrant une sinuosité peu profonde, vers la naissance des hanches du devant; notablement plus longue sur sa partie antépectorale, que sur le prosternum proprement dit.

Postpectus entaillé dans la partie médiane de son bord postérieur, pour recevoir la pointe du premier arceau ventral.

Tête subconvexement perpendiculaire ou inclinée.

Epistome séparé du front par une ligne enfoncée.

Yeux au moins en partie cachés dans l'état de repos.

Labre et *mandibules* ordinairement cachés dans l'état de repos.

Antennes grèles; de onze articles; plus grosses, vers l'extrémité.

Repli des élytres creusé d'une fossette pour recevoir l'extrémité des pieds intermédiaires.

Pieds reçus au moins en partie dans des dépressions destinées à les loger dans leur état de contraction.

Cuisses déprimées; rétrécies ordinairement de la base à l'extrémité.

Tibias grèles, subparallèles ou à peine élargis de la base à l'extrémité; inermes sur leur tranche externe; sans éperons distincts.

Tarses sans soles membraneuses sous leurs articles.

Obs. La partie médiane du premier arceau ventral qui s'avance en angle dans l'échancrure du bord postérieur du postpectus sépare, entre elles, les hanches des pieds postérieurs, et fournit le caractère physiologique le plus important pour séparer les insectes de cette famille des Piluliformes précédents.

Les Limnichiens sont des insectes de très-petite taille, amis des bords des ruisseaux et des marécages. Ils se cachent ordinairement parmi les herbes ou dans la vase, et paraissent vivre de matières végétales, surtout de celles qui sont en voie de décomposition. Leurs couleurs sont généralement obscures, et en harmonie, par là, avec l'existence cachée qu'ils traînent, et le rôle modeste qu'ils sont appelés à remplir.

Les Limnichiens se partagent en deux rameaux :

		Genres.
Prothorax	non creusé, près des angles antérieurs, d'une fossette pour recevoir le bouton des antennes dans l'état de repos. Partie prosternale en ligne droite à son bord antérieur, voilant les parties inférieures de la bouche.	*Limnichates.*
	creusé, près des angles antérieurs, d'une fossette pour recevoir le bouton des antennes dans l'état de repos. Partie prosternale échancrée en arc à son bord antérieur, laissant la lèvre en partie à découvert.	*Botriophorates.*

PREMIER RAMEAU.

LES LIMNICHATES.

Caractères. *Prothorax* non creusé près de ses bords antérieurs d'une fossette pour recevoir le bouton des antennes dans l'état de repos.

Partie prosternale en ligne transversalement droite à son bord antérieur, voilant les parties inférieures de la bouche.

Antennes à peine aussi longuement ou moins longuement prolongées que les angles du prothorax ; ordinairement cachées, dans le repos, dans un sillon, entre la tête et le côté antéro-latéral du prothorax ; terminées par une massue de trois articles.

Prothorax prolongé en arrière, au-devant de l'écusson, à sa base.

Ecusson en triangle à côtés droits, plus long que large.

Repli du prothorax obliquement coupé à son bord postérieur.

Repli des élytres offrant, après la fossette, son bord antérieur obliquement coupé d'avant en arrière, de dehors en dedans.

Les Limnichates se répartissent dans les deux genres suivants :

		GENRES.
Repli du prothorax	subparallèle ou faiblement en courbe rentrante à son bord interne. Prosternum arrondi à son extrémité et reçu dans une échancrure en demi-cercle du mésosternum..............	*Pelochares*.
	en triangle dont le sommet obtus ou brièvement tronqué est dirigé vers la région médiane du dessous du corps. Prosternum terminé en angle, reçu dans une entaille en angle ouvert du mésosternum..................................	*Limnichus*.

Genre *Pelochares*, PELOCHARE ; Mulsant et Rey.

CARACTÈRES. *Repli du prothorax* subparallèle ou faiblement en courbe rentrante à son bord interne.

Antennes de onze articles : les troisième à cinquième grêles : les sixième et septième un peu plus gros : les septième à onzième plus gros et moniliformes : le dernier subglobuleux.

Prosternum arrondi à son bord postérieur, et reçu dans une échancrure en demi-cercle du mésosternum.

1. **Pelochares emarginatus** ; MULSANT et REY.

Ovalaire ou ovale oblong, rétréci en ligne courbe sur la moitié postérieure des élytres ; noir ; garni en dessus d'un duvet formé de poils d'un cendré grisâtre, couchés, médiocrement fins, médiocrement serrés. Prothorax échancré au bord postérieur de son prolongement antéscutellaire. Ecusson aussi large que le quart ou le cinquième d'un étui. Elytres finement, densement et peu profondément ponctuées. Dessous du corps et pieds noirs.

Long. 0m,0022 (1 l.). — Larg. 0m,0012 (3/5 l.),

Corps ovalaire ou ovale-oblong ; convexe. *Tête* noire, densement pointillée; garnie d'un duvet cendré grisâtre, couché. *Antennes* prolongées à peu près jusqu'aux angles postérieurs du prothorax; brièvement pubescentes; noires, avec les premiers articles parfois moins obscurs: les troisième à cinquième article grêles : les quatre derniers moniliformes, sensiblement plus gros : le dernier un peu plus gros que le précédent, brièvement ovale ou subglobuleux. *Prothorax* élargi d'avant en arrière en ligne droite sur les côtés; muni à ceux-ci d'un rebord très-étroit, un peu visible aux angles de devant, quand l'insecte est vu perpendiculairement en dessus; prolongé en arrière et échancré au-devant de l'écusson, à sa base; échancré en arc sur les côtés de cette partie prolongée; puis, en ligne un peu arquée en arrière sur le reste de chaque côté de sa base; deux fois et quart ou deux fois et demie aussi large à la base que long sur sa ligne médiane; plus convexe en avant qu'en arrière; densement et finement ponctué; noir; garni de poils d'un cendré grisâtre, médiocrement fins, couchés, et d'une manière divergente de chaque côté de la ligne médiane, au-devant de l'écusson. *Ecusson* grand, d'un cinquième plus long qu'il n'est large à sa base; égal en devant au quart ou au cinquième de la base d'un étui; noir; ponctué et garni de duvet comme le prothorax. *Elytres* trois fois ou un peu plus aussi longues que le prothorax sur sa ligne médiane; subparallèles depuis le dixième jusqu'à la moitié ou aux quatre septièmes de leur longueur, rétrécies ensuite en ligne courbe jusqu'à l'angle sutural; convexes; à peine chargées d'un calus huméral; peu ou pas sensiblement relevées vers la partie postérieure de la suture; noires; densement et finement ponctuées; subgranuleuses; garnies, comme le prothorax, d'un duvet formé de poils d'un cendré grisâtre, couchés et médiocrement fins. *Repli du Prothorax* subparallèle ou plutôt un peu en courbe rentrante à son bord interne, obliquement coupé à son bord postérieur. *Repli des élytres* un pêu obliquement coupé en devant, rétréci d'avant en arrière en ligne à peine courbe à son côté interne; noir, finement et peu pubescent. *Dessous du corps* noir, brièvement et finement pubescent; pointillé sur le ventre, finement ponctué sur la poitrine. *Partie antéro-médiaire du premier arceau ventral* peu engagée dans l'échancrure de la partie médiane du bord postérieur du postpectus : la base de cette échancrure trois ou quatre fois plus étroite que la partie antérieure de l'écusson. *Prosternum* subarrondi à sa partie postérieure. *Mésosternum* échancré en demi-cercle. *Pieds* noirs, pubescents.

Cette espèce habite, comme les autres, le bord des ruisseaux et des marécages. On la trouve dans les environs de Lyon, dans le Midi et dans les Alpes.

Obs. Le *L. emarginatus*, par la partie antéro-médiane de son premier arceau ventral peu engagée dans le postpectus, et séparant moins largement les hanches postérieures, semble faire la transition des Byrrhiens aux véritables Limniques. Il se distingue des espèces suivantes non-seulement par ce caractère, ainsi que par son prosternum arrondi à l'extrémité, au lieu d'être terminé en angle; mais encore par ses élytres et le dessous de son corps marqués de points séparés par des intervalles moins grands que leur diamètre; par ses antennes moins courtes et terminées par quatre articles plus gros, etc.

Nous avons vu dans quelques collections notre *Pelochares emarginatus* désigné sous le nom de *L. versicolor;* mais il serait difficile de croire que notre espèce soit la même que celle-ci, car d'après les auteurs qui l'ont décrit, le L. versicolor a les élytres densement revêtues de duvet fauve avec des taches blanches, caractère qui n'existe pas chez notre Pélochare et qui le rapproche du *L. aureosericeus* de J. du Val.

Mais par le nombre des articles de la massue de ses antennes, le *L. versicolor* doit-il appartenir à notre genre *Pelochares?*

Voici la description de cet insecte, donnée par Waltl, dans le journal *Isis*, 1838, p. 273, 22.

Niger, pilis albis flavisque in plagas ordinatis ornatus.

Cette belle espèce a le poil du L. *sericeus*, mais est une fois plus grande. Le *prothorax* est large, échancré de chaque côté de l'écusson. Tout le *dessus du corps* est couvert d'un duvet soyeux. Une partie de celui-ci, plus blanche, forme une tache aux épaules, deux autres, figurant une sorte de bande interrompue, dans le milieu, et une autre, vers l'extrémité; le reste du duvet est d'un fauve jaunâtre.

Erichson a decrit le L. *versicolor* de la manière suivante:

Ovalis, convexus, niger, nitidus, confertissime punctatus, supra pube cinerea fulvaque maculatim variegatus.

D'une forme presque elliptique, convexe, d'un noir brillant; marqué *en dessus* de points très serrés et assez forts et densement revêtu d'un duvet court, serré, d'un brun mi-doré, parsemé de taches d'un gris blanchâtre. Les *antennes* sont noires, grêles, avec les quatre derniers articles graduellement et insensiblement plus gros que les précédents. *Tête* et *prothorax* plus finement ponctués que les élytres. *Dessous du corps* finement ponctué, garni d'un duvet gris et fin. *Pieds* noirs.

Genre *Limnichus*, Limnique ; Latreille.

Latreille, Règne animal de Cuvier, 2e édit., p. 510.

Caractères. *Repli du prothorax* en triangle dont le côté externe forme la base, et dont le sommet dirigé vers la ligne médiane du corps, est obtus ou brièvement tronqué.

Antennes offrant leurs trois derniers articles graduellement plus gros; le dernier sensiblement plus gros que chacun des précédents.

Prothorax tronqué au bord postérieur de la partie antéscutellaire et prolongée en arrière de la base.

Prosternum terminé en angle.

Mésosternum entaillé en angle ouvert pour recevoir l'extrémité du prosternum.

Le tableau suivant servira à faire distinguer nos espèces françaises.

A. Elytres revêtues d'un duvet serré d'un flave mi-doré, assez long, couché en sens divers. *Aureo-sericeus.*

A. Elytres non revêtues d'un duvet serré assez long, d'un flave mi-doré et disposé par mouchetures.

B. Elytres peu garnies de duvet ; marquées de points assez petits, separés par des espaces un peu plus grands que leur diamètre. Poitrine et ventre marqués de points presque de même grosseur : ceux de la poitrine moins rapprochés. Antennes et pieds d'un rouge ferrugineux. *Pygmæus.*

BB. Elytres pubescentes marquées de points médiocres et assez gros.

c. Elytres marquées de points médiocres ou assez gros, séparées par des intervalles ordinairement plus grands que leur diamètre ; revêtues d'un duvet cendré, non pulviforme. Prothorax peu sinué de chaque côté de la base de son prolongement antéscutellaire. *Sericeus.*

cc. Elytres marquées de gros points séparés par des intervalles à peine aussi grands ou moins grands que leur diamètre; revêtues d'un duvet pulviforme d'un cendré blanchâtre; offrant de chaque côté de la suture un intervalle imponctué limité par une rangée sériale de points. Prothorax très-sensiblement sinué de chaque côté de son prolongement antéscutellaire. *Incanus*.

1. **Lymnichus aureosericeus**; JACQUELIN DU VAL.

Ovale; convexe; ordinairement noir et revêtu d'un duvet flave doré, en dessus. Prothorax pointillé; à angles de devant invisibles en dessus et souvent rougeâtres. Ecusson égal à sa base au sixième ou au cinquième de celle d'un étui, un peu moins large en devant que l'entaille postérieure du postpectus. Élytres subparallèles depuis le dixième jusqu'à la moitié de leur longueur, en ogive à l'extrémité; peu relevées postérieurement à la suture; marquées de points médiocres et séparés par des intervalles plus grands que leur diamètre; revêtues d'un duvet doré couché dans des directions differentes, et paraissant, par là, disposé par mouchetures. Repli des élytres pubescent. Base des antennes, dessous du corps et pieds d'un rouge ferrugineux.

Limnichus aureosericeus, JACQ. DU VAL, Genera, t. III, p. 268.

Long. 0,0022 (1 l.). — Larg. 0,0011 (1/2 l.)

Corps ovale; convexe. *Tête* noire, densement et légèrement pointillée; revêtue d'un duvet cendré mi-doré ou flave doré. *Antennes* prolongées jusqu'aux angles postérieurs du prothorax; pubescentes, testacées à la base, noires ou brunes à l'extrémité; les 3e à 8e articles grêles; les trois derniers graduellement plus gros; le dernier, en ovale subacuminé, sensiblement plus gros, et aussi long que les trois quarts des deux précédents réunis. *Prothorax* élargi d'avant en arrière en ligne droite sur les côtés; muni à ceux-ci d'un rebord étroit; à angles de devant invisibles quand l'insecte est examiné en dessus; prolongé en arrière, et tronqué au devant de l'écusson, à la base; sinué de chaque côté de la base de ce prolongement, puis sensiblement arqué en arrière sur le reste des côtés de la base; deux fois et demie environ aussi large à la base que long sur sa ligne médiane; plus convexe en avant qu'en arrière; densement pointillé; noir, souvent rougeâtre aux angles de devant; densement revêtu d'un duvet cendré ou flave doré. *Ecusson* assez grand; d'un tiers au moins plus long qu'il n'est large à la base; égal en devant au cinquième ou au sixième de la largeur d'un étui; noir, revêtu d'un duvet mi-doré. *Élytres* trois fois et quart environ aussi longues que le prothorax sur sa ligne médiane; assez faiblement élargies depuis les épaules jusqu'à la moitié de leur longueur, rétrécies ensuite en ligne courbe, en ogive à l'extrémité; convexes; chargées d'un calus huméral; à peine ou peu sensiblement relevées sur quart postérieur de la suture; marquées de points médiocres ou assez gros, séparés par des espaces deux fois environ aussi grands que leur diamètre et paraissant parfois superficiellement pointillés; ordinairement noires ou d'un noir brun; densement revêtues d'un duvet mi-doré ou d'un cendré ou flave doré assez long, ordinairement couché dans des directions différentes et paraissant, par là, disposé par mouchetures. *Repli du prothorax* triangulaire. *Repli des élytres* pubescent. *Postépisternum* étroit et parallèle sur sa seconde moitié. *Dessous du corps* d'un rouge brun, d'un rouge ferrugineux ou d'un fauve testacé; pubescent; marqué de points presque également petits sur le ventre et sur la poitrine, moins rapprochés sur celle-ci, séparés sur le ventre par des espaces notablement plus étroits et paraissant superficiellement pointillés. Base de l'entaille de la partie médiaire du bord postérieur du postpectus, un peu plus large que l'écusson en devant. *Pieds* pubescents; variant du brun noir au fauve testacé.

Cette espèce habite les bords des marais, se cache dans les herbes ou la vase. On la trouve dans les environs de Lyon et dans nos provinces plus méridionales.

Obs. Elle se distingue aisément des suivante par le dessus de son corps plus convexe; revêtu d'un duvet semi-doré ou d'un cendré ou flave doré ou mi-doré, épais, couché de manière divergente et paraissant, par là, disposé par mouchetures sur les élytres; par celles-ci subparallèles jusqu'à la moitié de leur longueur, en ogive postérieurement; par le repli des étuis très-visiblement pubescent; par les angles de devant du prothorax plus inclinés et invisibles quand l'insecte est examiné perpendiculairement en dessus.

Le *L. aureosericeus* s'éloigne d'ailleurs des *L. sericeus* et *incanus* par son ventre marqué de points à peine plus petits que ceux de la poitrine et non contigus; de ces deux espèces et du *pygmaeus*, par les angles antérieurs du prothorax souvent rougeâtres et par sa couleur d'un rouge fauve ou brunâtre ou d'une nuance rapprochée.

Le *L. aureosericeus* offre souvent les angles antérieurs du prothorax rougeâtres, même chez des individus dont le dessus du corps est noir; ces angles sont ordinairement d'une rouge testacé, quand les élytres n'ont pas leur couleur noire normale.

Cet insecte, ordinairement noir en dessus, varie de teinte suivant le développement de la matière colorante.

Quand celle-ci n'a pas eu le temps de se développer complétement, les élytres au lieu d'être noires, se montrent brunes, d'un brun roux ou même couleur de sanguine et graduellement d'une couleur plus claire, d'un rouge roux ou d'un rouge de brique à l'extrémité.

Les individus provenant des contrées plus méridionales (de l'Espagne et surtout de l'Afrique) sont plus sujets à montrer ces variations de teintes.

Le *Limnichus Lepricurii*, PERRIS (Ann. de la Soc. entom. de France (1864), p. 282), suivant les exemplaires qu'a eu la bonté de nous communiquer notre illustre ami de Mont-de-Marsan, a tant d'analogie avec le *L. Aureosericeus* qu'il nous a semblé n'en être qu'une variété chez laquelle le duvet, un peu moins épais que dans l'état normal, donne un aspect particulier.

2. **Limnichus pygmaeus**; STURM.

Ovalaire, rétréci à partir du tiers des élytres, obtusement arrondi à l'extrémité; noir; peu pubescent. Prothorax densement et très-finement pointillé. Ecusson égal en devant au septième de la base d'un étui, un peu moins large en devant que la base de l'entaille postérieure du postpectus. Elytres peu pubescentes ; à peine relevées sur le quart postérieur de leur suture; marquées de points assez petits et séparés par des intervalles plus grands que leur diamètre. Repli des élytres glabre. Dessous du corps marqué de points presque de même grosseur, rapprochés sur le ventre, plus espacés sur la poitrine. Antennes et pieds d'un rouge ferrugineux.

Byrrhus pygmæus. STURM, Deutsch. Faun., t. II, p. 114, 20, pl. 35, fig. C. — DUFTSCH, Faun. Aust., t. III, p. 23. 28.

Limnichus riparius. (DEJEAN), Catal. (1821), p. 49. — Id. (1837), p. 145 (teste D. Reiche).

Limnichus sericeus. STEPH., Illust., t. V, p. 411. 1. — Id. Man, p. 145, 1167.

Limnichus pygmæus. HEER, Faun. Col. helvet., p. 439. 1. — ERICHSON, Naturg. d. Ins. Deutsch., t. III, p. 493. 2. — BACH, Kæferfaun., p. 294. 1. — L. REDTENB., Faun. Austr., 2e édit, p. 409.

Long. 0^m,0014 (2/3 l.). — Larg. 0^m,0008 (2/5 l.).

Corps ovalaire. *Tête* noire; densement pointillée; légèrement pubescente. *Antennes* d'un rouge brunâtre, terminées par trois articles graduellement plus gros : le dernier presque aussi grand que les deux précédents. *Prothorax* élargi d'avant en arrière en ligne droite sur les côtés; muni à ceux-ci d'un rebord étroit, à peu près visible quand l'insecte est examiné en dessus; prolongé en arrière et tronqué au-devant de l'écusson, à la base; sinué de chaque côté de la base de ce prolongement, puis légèrement arqué en arrière jusqu'aux angles postérieurs : deux fois et demie au moins aussi large à la base que long sur la ligne médiane; plus convexe en avant qu'en arrière; noir; finement et densement pointillé; légèrement garni d'une fine pubescence grisâtre, souvent presque glabre. *Ecusson* assez petit; en triangle de moitié environ plus long qu'il n'est large à la base; égal à celle-ci environ au septième de la base d'un étui; noir; glabre ou à peu près. *Elytres* trois fois et quart ou trois fois et demie aussi longues que le prothorax; faiblement élargies depuis les épaules jusqu'au tiers de leur longueur, rétrécies ensuite, obtuses ou obtusément arrondies à l'extrémité; convexes; chargées d'un calus huméral ; offrant à peine la suture légèrement relevée sur son quart postérieur; d'un noir luisant; marquées de points petits et séparés par des espacés plus grands que leur diamètre; presque glabres ou garnies d'une pubescence d'un cendré grisâtre, fine et peu serrée. *Repli des élytres* glabre ou paraissant tel. *Dessous du corps* ordinairement noir ou brun, parfois d'un rouge brun ou brunâtre; peu pubescent ou glabre; marqué sur le ventre de points petits, séparés par des espaces paraissant pointillés; marqué sur la poitrine et sur la partie antéro-médiaire du premier arceau de points à peine moins petits, mais moins rapprochés: la base de la partie de cette pointe ou la base de l'entaille de la partie médiane du bord postérieur du postpectus sensiblement plus large que l'écusson à sa base. *Pieds* d'un rouge testacé ou d'un rouge ferrugineux.

Cette espèce se trouve dans les environs de Lyon et moins rarement dans le midi de la France.

Obs. Le *L. pigmaeus* se distingue des autres espèces de notre pays, par le dessous du corps moins ou peu pubescent; par le repli de ses élytres glabre ou paraissant tel; par la ponctuation ordinairement plus fine de ses élytres; par la couleur de ses pieds.

Il s'éloigne d'ailleurs du *L. aureosericeus* par son duvet cendré, court et clairsemé, et non disposé par mouchetures; par son corps moins convexe, laissant voir au moins une partie des angles antérieurs du prothorax, quand l'insecte est examiné en dessus; par la couleur du dessous de son corps. Il est facile à distinguer des *L. sericeus* et *incanus*, par son ventre non densement pointillé, mais marqué de petits points non contigus.

3. **Limnichus sericeus**; Duftschmidt.

Ovalaire; convexe; rétréci à partir du tiers des élytres jusqu'à l'angle sutural; noir et garni en dessus d'une pubescence fine et cendrée. Prothorax densement pointillé, peu sinué de chaque côté de son prolongement anté-scutellaire. Ecusson égal en devant au septième ou au huitième de la base d'un étui; sensiblement moins large à sa base que l'entaille postérieure du postpectus. Elytres marquées de points assez gros, séparés par des intervalles un peu plus larges que leur diamètre; légèrement relevées sur les deux cinquièmes postérieurs. Repli des élytres brièvement pubescent. Ventre très-densement pointillé. Poitrine marquée de poi ts assez gros et peu rapprochés. Dessous du corps, antennes et pieds variant du brun au rouge brun.

Limnichus sericeus. (DEJEAN), Catal. (1821), p. 49. — Id. (1833), p. 130. — Id. (1837), p. 145. — ERICHSON, Naturg. d. Ins. Deutch., t. III, p. 499. — L. REDTENB., F. un. Austr., 2e édit., p. 409.
Byrrhus sericeus. DUFTSCH., Faun. austr., t. III (1825), p. 24. 30.

Long. 0m,0014 (2/3 l.) — Larg. 0m,0009 (2/5 l.)

Corps ovalaire. *Tête* noire; densement pointillée; garnie d'une courte et fine pubescence cendrée. *Antennes* prolongées jusqu'aux angles postérieurs du prothorax; ordinairement d'un brun noir, terminées par trois articles plus gros, dont le dernier est ovalaire et presque aussi grand que les deux précédents. *Prothorax* élargi d'avant en arrière, en ligne droite sur les côtés; muni à ceux-ci d'un rebord étroit; à angles de devant visibles, quand l'insecte est examiné en dessus; prolongé en arrière, et tronqué au-devant de l'écusson à la base; sinué de chaque côté de la base de ce prolongement, puis, en ligne légèrement arquée en arrière ou parfois presque droite, jusqu'aux angles postérieurs; deux fois et demie au moins aussi large à la base que long sur sa ligne médiane; plus convexe en avant qu'en arrière; noir; finement et densement pointillé; garni d'une pubescence fine, courte et cendrée. *Ecusson* petit, d'un tiers plus long qu'il n'est large à la base; égal environ à celle-ci, au septième ou au huitième de la largeur d'un étui; noir; garni d'une pubescence cendrée. *Elytres* trois fois et quart aussi longues que le prothorax sur sa ligne médiane; faiblement élargies depuis les épaules jusqu'au tiers environ de leur longueur, rétrécies ensuite en ligne un peu courbe, jusqu'à l'angle sutural; convexes ou peu fortement convexes; chargées d'un calus huméral; légèrement relevées sur la moitié ou les deux cinquièmes postérieurs de la suture; offrant les traces d'une strie juxta-suturale; noires; marquées de points assez gros, séparés par des espaces généralement de moitié plus grands que leur diamètre et superficiellement pointillés; garnies d'une fine pubescence cendrée. *Repli des élytres* brièvement pubescent. *Dessous du corps* noir ou brun: parfois d'un rouge brun, surtout sur la poitrine; densement, peu dis tinctement pointillé et garni d'une pubescence cendrée sur le ventre; moins pubescent et marqué de points assez gros et peu rapprochés sur la poitrine. Base de l'entaille de la partie médiaire du bord postérieur du postpectus sensiblement plus large que l'écusson en devant. *Pieds cuisses* et *tibias* ordinairement noirs et pubescents; tarses d'un fauve testacé.

Cette espèce paraît habiter toutes les parties de la France. Elle n'est pas rare dans la vase ou parmi les herbes, au bord des ruisseaux ou des marais.

La couleur du dessous du corps et des pieds varie suivant le développement de la matière colorante. Ordinairement le dessous du corps est noir, mais il montre parfois une teinte moins obscure. Dans l'état normal, les cuisses et les tibias sont noirs ou bruns, et les tarses fauves ou d'un fauve testacé; mais quand le pygmentum ne s'est pas complètement développé, les cuisses et les jambes prennent une teinte rougeâtre plus ou moins prononcée.

Le *L. sericeus* s'éloigne des *L. aureosericeus* et *pygmaeus* par son ventre très-densement pointillé et marqué sur la poitrine de points assez gros et peu rapprochés; par son prothorax faiblement sinué, de chaque côté de la base de son prolongement antescutellaire; par la ponctuation plus forte de ses élytres.

Il s'éloigne d'ailleurs du *L. aureosericeus* par son corps moins convexe et non revêtu d'un duvet mi-doré, paraissant disposé par mouchetures; du *pygmaeus* par ses élytres garnies d'un duvet moins clairsemé, et terminés en angle, plus aigu; par la couleur de ses antennes et de ses pieds, etc.

4. **Limnichus incanus**; Kiesenwetter.

Ovalaire; convexe; rétréci postérieurement à partir des deux cinquièmes ou trois septièmes des élytres; noir; revêtu en dessus d'une pubescence cendrée, fine, serrée, pulviforme. Prothorax densement pointillé; très-sensiblement sinué de chaque côté de son prolongement antéscutellaire. Écusson égal en devant au septième de la base d'un étui; notablement plus étroit en devant que l'entaille postérieure du postpectus. Elytres marquées de gros points, séparés par des intervalles à peine aussi larges que leur diamètre, offrant de chaque côté de la suture un intervalle imponctué. Repli des élytres brièvement pubescent. Ventre très-densement pointillé. Poitrine marquée de points assez gros. Dessous du corps noir. Pieds ordinairement bruns ; avec les tarses moins obscurs.

Limnichus incanus. KIESENWETTER, Ann. Soc. Entom. de France, 2e série, t. IX (1851), p. 584.

Long. 0m,0013 à 0m,0014 (3/5 à 2/3 l.) — Larg. 0,m0008 (2/5 l.)

Corps ovalaire. *Tête* noire; densement pointillée; revêtue d'une pubescence cendrée, serrée, fine et pulviforme. *Antennes* d'un brun de poix ou d'un brun ferrugineux; terminées par une massue de trois articles, dont le dernier est le plus grand et le plus gros. *Prothorax* élargi d'avant en arrière en ligne droite sur les côtés; muni à ceux-ci d'un rebord étroit; à angles de devant invisibles, quand l'insecte est examiné en dessus; prolongé en arrière et tronqué au-devant de l'écusson, à la base; sinué de chaque côté à la base de ce prolongement, puis, légèrement arqué en arrière jusqu'à chaque angle postérieur; deux fois et demie aussi large à la base que long sur sa ligne médiane; plus convexe en avant qu'en arrière; noir; finement et densement pointillé; revêtu d'une pubescence cendrée, fine, serrée et pulviforme. *Ecusson* petit, en triangle, de moitié plus long qu'il n'est large à la base; égal environ à celle-ci, au septième ou au huitième de la base d'un étui; noir; revêtu de duvet, comme le prothorax. *Elytres* trois fois et quart environ aussi longues que le prothorax sur sa ligne médiane; à peine élargies depuis les épaules jusqu'aux deux cinquièmes ou trois septièmes, rétrécies ensuite en ligne un peu courbe, noires; marquées de points gros et séparés par des espaces ordinairement à peine plus grands que leur diamètre, et paraissant parfois superficiellement pointillés; revêtues d'une pubescence cendrée, fine, serrée, pulviforme. *Repli des élytres* brièvement pubescent. *Dessous du corps* ordinairement noir ou brun, parfois d'un rouge brun, quand la matière colorante n'a pas eu le temps de se développer; densement pointillé et pubescent sur le ventre, presque glabre et marqué de points assez gros et peu serrés sur la poitrine; base de l' taille de la partie médiane du bord postérieur du postpectus, ou base de la partie antéro-médiane engagée dans le postpectus près de deux fois aussi longue que l'écusson en devant. *Pieds* d'un brun rouge ou d'un rouge brun, suivant le développement de la matière colorante.

Cette espèce a été découverte sur le bord des fleuves de la Catalogne par M. de Kiesenwetter. On la trouve aussi dans le midi de la France.

Le *L. incanus* a beaucoup d'analogie avec le *L. sericeus*. Il s'en distingue par son prothorax plus sensiblement sinué de chaque côté de la base de son prolongement antéscutellaire ; par ses élytres plus grossièrement ponctuées, offrant de chaque côté de la suture un intervalle imponctué plus marqué, limité par des points plus sérialement disposés; revêtues d'un duvet plus court, plus serré, pulviforme, plus blanchâtre.

Aux Limniques précédents, il faut ajouter, pour la Faune d'Europe, l'espèce suivante qui nous est inconnue:

Limnichus punctipennis; KRAATZ. *Ovalis leviter convexus, niger, subtiliter griseo-pubescens, elytris sparsim profunde punctatis, antennis pedibusque fuscis.*

Limnichus punctipennis KRAATZ, Berlin. Entom. Zeitsch., 1858, p. 148.

Long. 0,0011 (1/2 l.)

De moitié seulement aussi grand que le *L. sericeus*, moins convexe, plus rétréci en arrière; garni d'une pubescence plus fine. *Antennes* et *pieds* bruns. *Elytres* marquées de points forts, profonds et peu rapprochés.

Patrie : La Grèce.

DEUXIÈME RAMEAU.

LES BOTRIAPHORATES.

CARACTÈRES. *Prothorax* creusé près des angles antérieurs, d'une fossette pour recevoir le bouton des antennes dans l'état de repos.

Partie prosternale échancrée en arc à son bord antérieur, laissant la lèvre en partie à découvert.

Genre *Botriophorus*; BOTRIOPHORE; Mulsant et Rey.

MULSANT et REY, Ann. de la Société linnéenne de Lyon, 1852.
(βόθριον, fossette; φέρω, je porte.)

CARACTÈRES. Ajoutez à ceux du rameau :

Antennes de onze articles : les deux premiers très-dilatés : les suivants grêles : les trois derniers en bouton : le dernier globuleux, très-grand.

Yeux cachés.

Mandibules cachées ou peu apparentes dans le repos.

Prothorax légèrement échancré en arc sur les côtes; en arc dirigé en arrière et un peu sinué de chaque côté de sa partie médiane, à sa base.

Écusson apparent.

Elytres à peu près aussi larges en devant que le prothorax à sa base; convexes.

Repli des élytres et base du *postépisternum* creusé d'une fossette pour loger les cuisses intermédiaires dans le repos. *Premier arceau ventral* creusé d'une fossette pour loger les pieds postérieurs dans le repos.

Pieds antérieurs séparés entre eux par une partie prosternale large : les intermédiaires plus largement distants : les postérieurs peu séparés.

1. **Botriaphorus atomus**; MULSANT et REY.

Oblonguement subhémisphérique; noir, peu luisant; garni en dessus d'une légère pubescence cendrée. Antennes et pieds d'un noir de poix; les premières, terminées par une massue en bouton brune, garnie de poils blanchâtres à l'extrémité. Repli prothoracique triangulaire.

Batriophorus atomus. MULSANT et REY, Annales de la Soc. linn. de Lyon, 1852, p. 20 — MULS., Opusc. entom., t. II, 1853, p. 22.

Long. 0,00075 (1/4 l.).

Corps subhémisphérique, un peu rétréci postérieurement; couverte d'un léger duvet cendré. *Tête* convexe, subperpendiculaire; d'un noir opaque; densement et très-finement ponctuée. *Episiome* séparé du front par une ligne transversale. *Labre* en ogive, légèrement rebordé. *Mandibules* cachées ou peu apparentes. *Yeux* cachés. *Antennes* plus courtes que la tête et le prothorax réunis; couleur de poix, avec la massue obscure : 1er et 2e articles dilatés : le 2e deux fois plus court et plus étroit que le précédent : les 4e à 8e plus grêles que le 3e, presque égaux; les trois derniers en massue ovale : les 9e et 10e transversaux; le dernier très-grand, subglobuleux, garni au sommet de poils blanchâtres. *Prothorax* un peu échancré en arc sur les côtés; en arc dirigé en arrière et bissinué, à la base; près de quatre fois aussi large à celle-ci que long sur sa ligne médiane; finement chagriné; d'un noir peu brillant. *Ecusson* en triangle allongé; noir; très-finement chagriné. *Elytres* à peu près aussi larges en devant que le prothorax; quatre fois environ aussi longues que lui; offrant vers le tiers leur plus grande largeur, rétrécies ensuite en ligne un peu courbe; d'un noir peu luisant; finement chagrinées; garnies d'un léger duvet cendré. *Repli prothoracique* anguleux du côté interne. *Repli des élytres* à peu près aussi large que le postépisternum à sa base : celui-ci rétréci d'avant en arrière. *Prosternum* subarrondi à sa partie postérieure. *Mésosternum* échancré jusqu'aux trois quarts. *Poitrine* d'un noir luisant, presque glabre, presque lisse. *Ventre* d'un noir opaque; couvert d'un duvet cendré; finement chagriné; à partie antéro-médiane du 1er arceau engagée dans une petite entaille de la partie médiane du bord postérieur du postpectus. *Pieds* légèrement pubescents; couleur de poix avec trochanters plus ou moins ferrugineux.

Cette singulière et très-petite espèce se trouve en mars et avril, parmi les détritus, au bord des marais du Midi de la France.

PILULIFORMES

PARAISSANT JUSQU'A CE JOUR ÉTRANGERS A LA FRANCE

ET DÉCRITS DANS CE VOLUME.

Lyon, Association typographique. — Regard, rue de la Barre, 12

PILULIFORMES.

PLANCHE I.

Fig. 1. *Nosodendron faciculare.*
1. A. — — vu en dessous.
2. *Syncalypta setigera.*
2. A. — — vu en dessous.
3. *Cytilus varius.*
3. A. — vu en dessous.
4. *Byrrhus pyrennæus.*
4. A. — vu en dessous.
4. B. — patte postérieure montrant la jambe déprimée ou excavée pour recevoir le tarse pendant le repos.

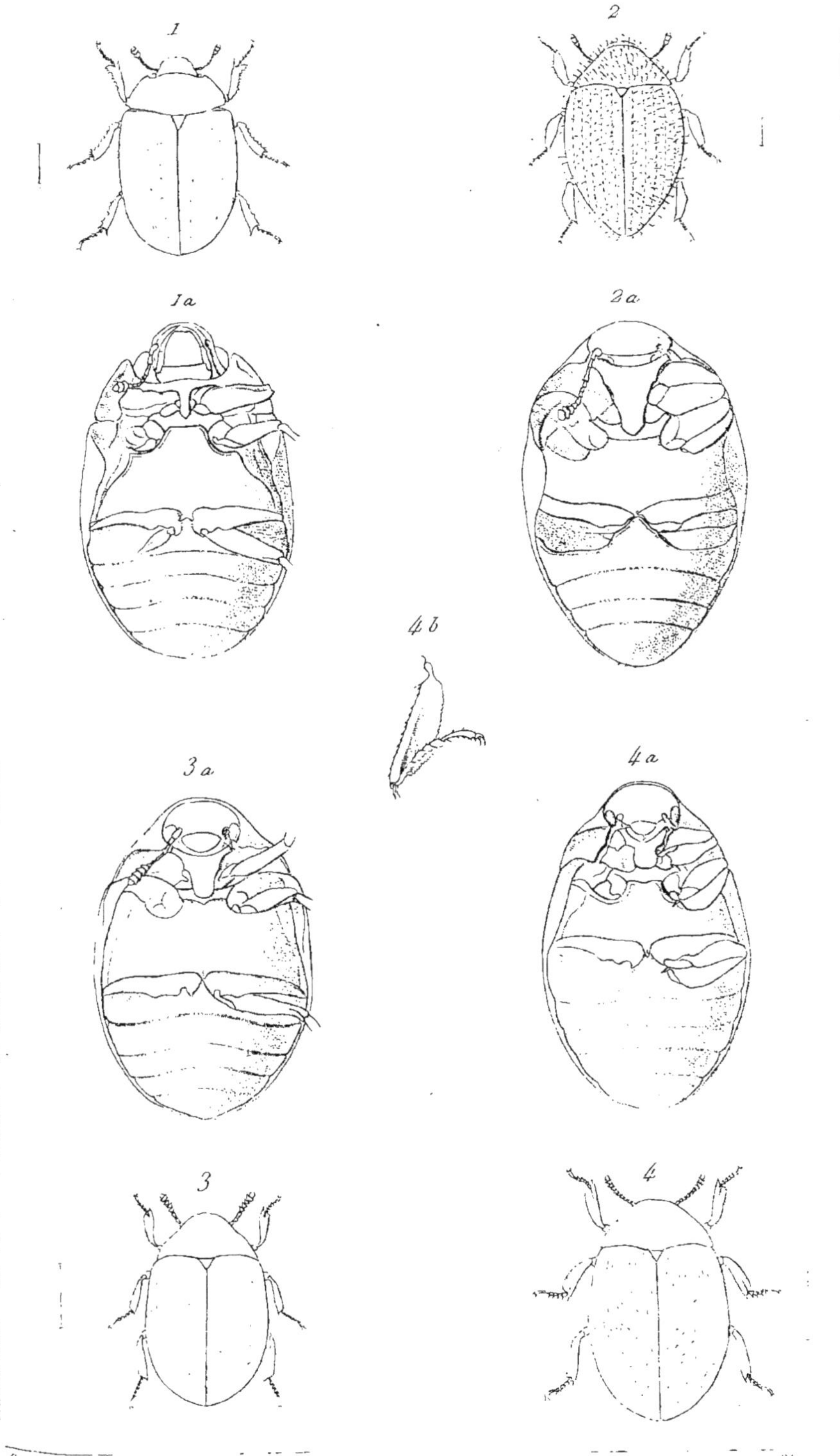

Poujade del. Pierre sc.

PILULIFORMES.

PLANCHE II.

Fig. 1. *Morychus nitens.*

1. A. — vu en dessous.

2. *Simplocaria semistriata.*

2. A. — — vu en dessous.

3. *Limnichus.*

3. A. — vu en dessous.

3. B. — tête vue par devant pour montrer la direction des antennes et le sillon dans lequel elles se logent dans le repos.

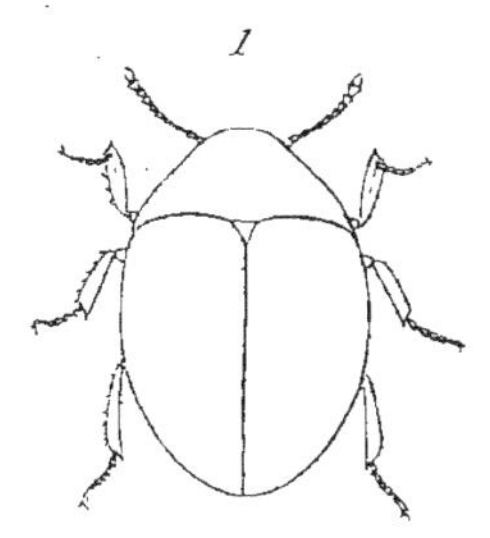

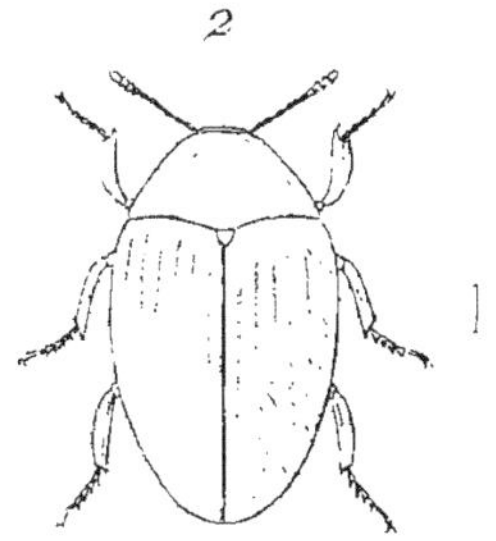

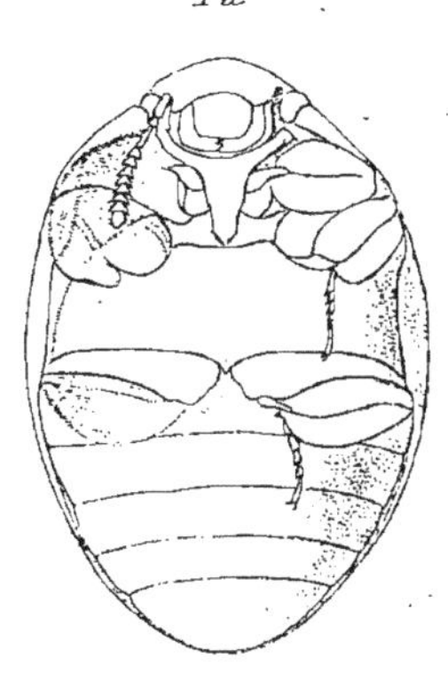

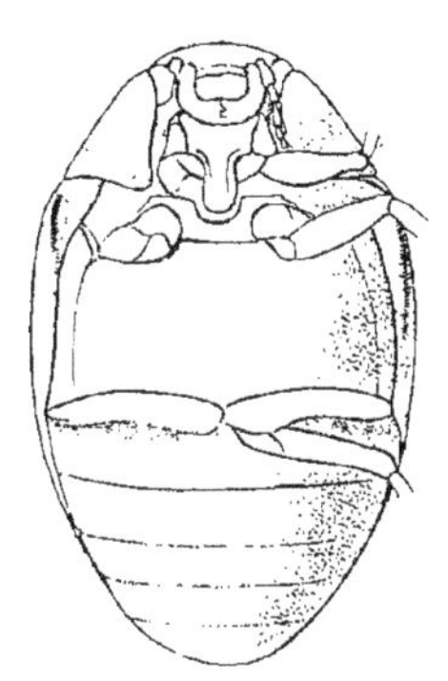

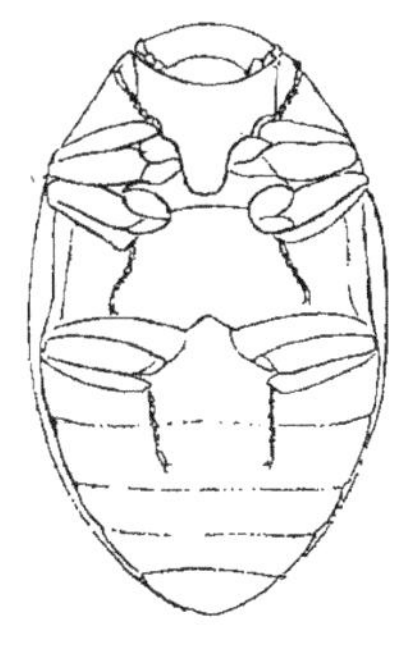

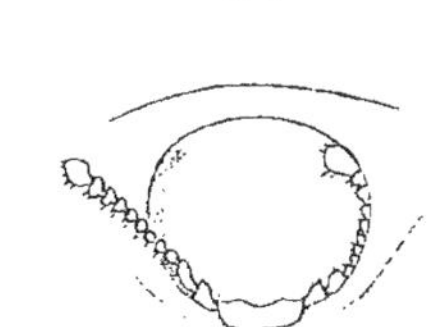

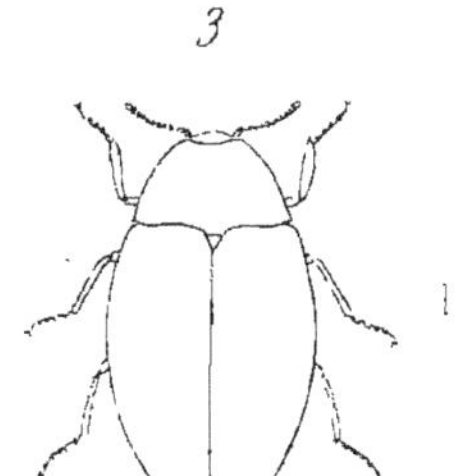

...ujade del. Pierre sc.

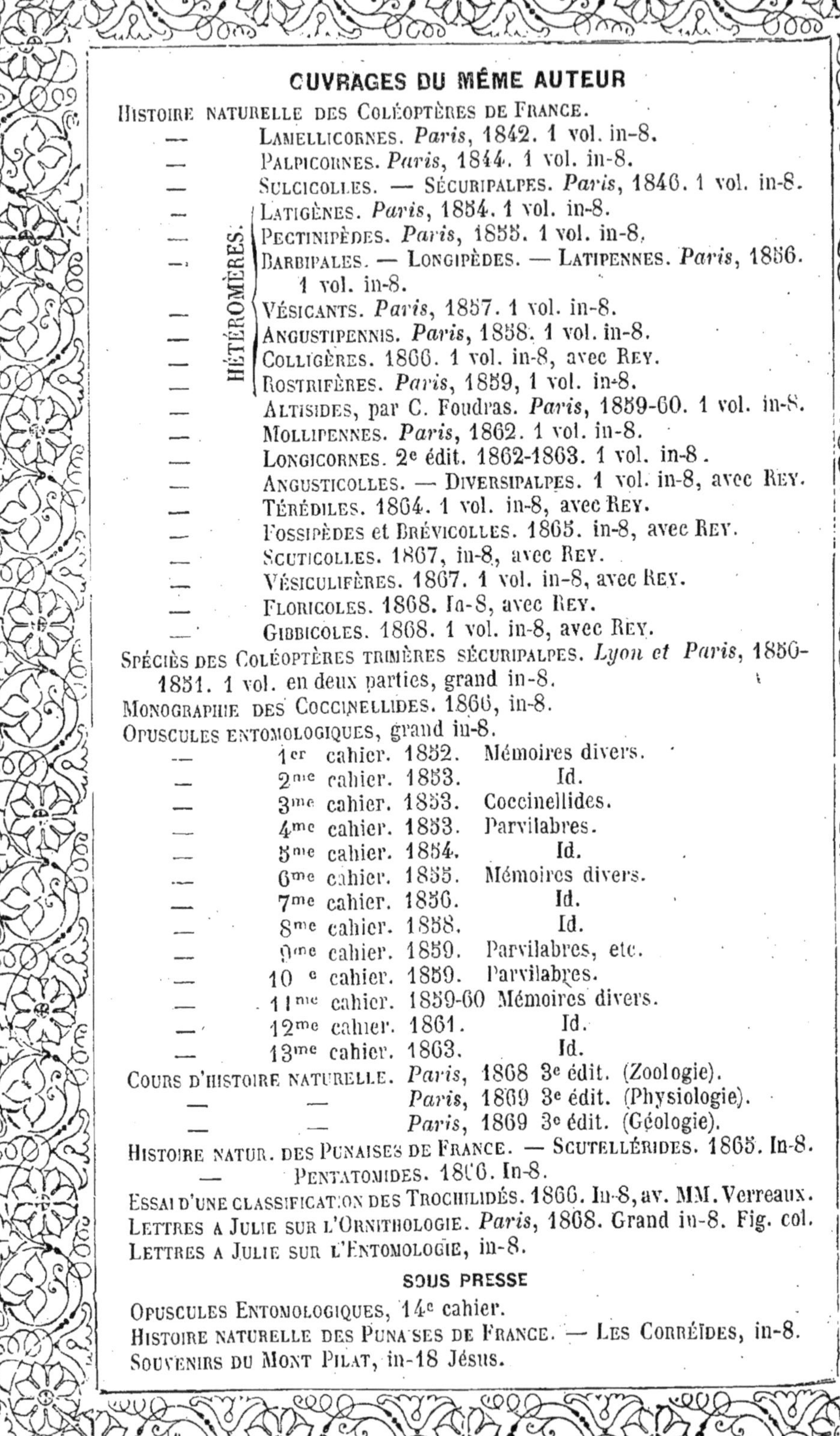

OUVRAGES DU MÊME AUTEUR

HISTOIRE NATURELLE DES COLÉOPTÈRES DE FRANCE.
— LAMELLICORNES. *Paris*, 1842. 1 vol. in-8.
— PALPICORNES. *Paris*, 1844. 1 vol. in-8.
— SULCICOLLES. — SÉCURIPALPES. *Paris*, 1846. 1 vol. in-8.

HÉTÉROMÈRES.
— LATIGÈNES. *Paris*, 1854. 1 vol. in-8.
— PECTINIPÈDES. *Paris*, 1855. 1 vol. in-8.
— BARBIPALES. — LONGIPÈDES. — LATIPENNES. *Paris*, 1856. 1 vol. in-8.
— VÉSICANTS. *Paris*, 1857. 1 vol. in-8.
— ANGUSTIPENNIS. *Paris*, 1858. 1 vol. in-8.
— COLLIGÈRES. 1866. 1 vol. in-8, avec REY.
— ROSTRIFÈRES. *Paris*, 1859, 1 vol. in-8.

— ALTISIDES, par C. Foudras. *Paris*, 1859-60. 1 vol. in-8.
— MOLLIPENNES. *Paris*, 1862. 1 vol. in-8.
— LONGICORNES. 2e édit. 1862-1863. 1 vol. in-8.
— ANGUSTICOLLES. — DIVERSIPALPES. 1 vol. in-8, avec REY.
— TÉRÉDILES. 1864. 1 vol. in-8, avec REY.
— FOSSIPÈDES et BRÉVICOLLES. 1865. in-8, avec REY.
— SCUTICOLLES. 1867, in-8, avec REY.
— VÉSICULIFÈRES. 1867. 1 vol. in-8, avec REY.
— FLORICOLES. 1868. In-8, avec REY.
— GIBBICOLES. 1868. 1 vol. in-8, avec REY.

SPÉCIÈS DES COLÉOPTÈRES TRIMÈRES SÉCURIPALPES. *Lyon et Paris*, 1850-1851. 1 vol. en deux parties, grand in-8.

MONOGRAPHIE DES COCCINELLIDES. 1866, in-8.

OPUSCULES ENTOMOLOGIQUES, grand in-8.

—	1er cahier.	1852.	Mémoires divers.
—	2me cahier.	1853.	Id.
—	3me cahier.	1853.	Coccinellides.
—	4me cahier.	1853.	Parvilabres.
—	5me cahier.	1854.	Id.
—	6me cahier.	1855.	Mémoires divers.
—	7me cahier.	1856.	Id.
—	8me cahier.	1858.	Id.
—	9me cahier.	1859.	Parvilabres, etc.
—	10me cahier.	1859.	Parvilabres.
—	11me cahier.	1859-60	Mémoires divers.
—	12me cahier.	1861.	Id.
—	13me cahier.	1863.	Id.

COURS D'HISTOIRE NATURELLE. *Paris*, 1868 3e édit. (Zoologie).
— — *Paris*, 1869 3e édit. (Physiologie).
— — *Paris*, 1869 3e édit. (Géologie).

HISTOIRE NATUR. DES PUNAISES DE FRANCE. — SCUTELLÉRIDES. 1865. In-8.
— PENTATOMIDES. 1866. In-8.

ESSAI D'UNE CLASSIFICATION DES TROCHILIDÉS. 1866. In-8, av. MM. Verreaux.

LETTRES A JULIE SUR L'ORNITHOLOGIE. *Paris*, 1868. Grand in-8. Fig. col.

LETTRES A JULIE SUR L'ENTOMOLOGIE, in-8.

SOUS PRESSE

OPUSCULES ENTOMOLOGIQUES, 14e cahier.

HISTOIRE NATURELLE DES PUNAISES DE FRANCE. — LES CORRÉIDES, in-8.

SOUVENIRS DU MONT PILAT, in-18 Jésus.

www.ingramcontent.com/pod-product-compliance
Ingram Content Group UK Ltd.
Pitfield, Milton Keynes, MK11 3LW, UK
UKHW020323230726
13925UKWH00002B/597